普通高等教育"十一五"国家级规划教材

付钪 主编　李红豫 副主编

计算机基础实践导学
课程教案

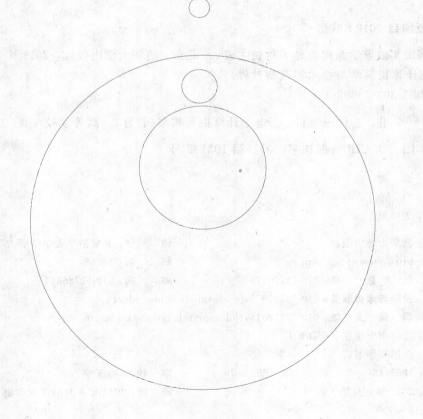

清华大学出版社

北京

21世纪计算机科学与技术实践型教程

丛书主编　陈明

内容简介

《计算机基础实践导学课程教案》是与《计算机基础实践导学教程》(主编：付钪,副主编：何娟、鞠慧敏)配套的教学用书。

该书按实际教学中的运作,以课次为主线,安排了 44 次课,88 学时的内容。可以根据各专业不同的需求、不同的学时选择相关的课次进行教学。附录 C 提供了"课程内容选用清单"。

为进一步帮助学生与实际工作和国际认证接轨,本书附录 A 收录了 9 个 MOS 认证 Word 导学实验,附录 B 收录了 8 个 MOS 认证 Excel 导学实验。可在课堂上让基础较好的学生进行这两部分实验,以实现"所有学生在原有基础上都有提高"的目标,同时以点带面,开阔视野,激发学习积极性。另外,可在后续的计算机基础选修课中全面展开这部分内容。

图书在版编目（CIP）数据

计算机基础实践导学课程教案 / 付钪主编 . —北京：清华大学出版社，2011.6
（21 世纪计算机科学与技术实践型教程）
ISBN 978-7-302-25699-1

Ⅰ. ①计…　Ⅱ. ①付…　Ⅲ. ①电子计算机－教案（教育）－高等学校　Ⅳ. ①TP3

中国版本图书馆 CIP 数据核字（2011）第 103132 号

责任编辑：谢　琛　薛　阳
责任校对：白　蕾
责任印制：王秀菊

出版发行：清华大学出版社　　　　　　　　　　　　地　　址：北京清华大学学研大厦 A 座
　　　　　http://www.tup.com.cn　　　　　　　　邮　　编：100084
　　　　　社　总　机：010-62770175　　　　　　邮　　购：010-62786544
　　　　　投稿与读者服务：010-62795954，jsjjc@tup.tsinghua.edu.cn
　　　　　质　量　反　馈：010-62772015，zhiliang@tup.tsinghua.edu.cn
印　装　者：三河市李旗庄少明印装厂
经　　销：全国新华书店
开　　本：185×260　　　印　　张：9.75　　　字　　数：230 千字
版　　次：2011 年 6 月第 1 版　　　印　　次：2011 年 6 月第 1 次印刷
印　　数：1～3000
定　　价：21.00 元

产品编号：042274-01

21 世纪计算机科学与技术实践型教程

序

21 世纪影响世界的三大关键技术：以计算机和网络为代表的信息技术；以基因工程为代表的生命科学和生物技术；以纳米技术为代表的新型材料技术。信息技术居三大关键技术之首。国民经济的发展采取信息化带动现代化的方针，要求在所有领域中迅速推广信息技术，导致需要大量的计算机科学与技术领域的优秀人才。

计算机科学与技术的广泛应用是计算机学科发展的原动力，计算机科学是一门应用科学。因此，计算机学科的优秀人才不仅应具有坚实的科学理论基础，而且更重要的是能将理论与实践相结合，并具有解决实际问题的能力。培养计算机科学与技术的优秀人才是社会的需要、国民经济发展的需要。

制定科学的教学计划对于培养计算机科学与技术人才十分重要，而教材的选择是实施教学计划的一个重要组成部分，《21 世纪计算机科学与技术实践型教程》主要考虑了下述两方面。

一方面，高等学校的计算机科学与技术专业的学生，在学习了基本的必修课和部分选修课程之后，立刻进行计算机应用系统的软件和硬件开发与应用尚存在一些困难，而《21 世纪计算机科学与技术实践型教程》就是为了填补这部分空白。将理论与实际联系起来，使学生不仅学会了计算机科学理论，而且也学会了应用这些理论解决实际问题。

另一方面，计算机科学与技术专业的课程内容需要经过实践练习，才能深刻理解和掌握。因此，本套教材增强了实践性、应用性和可理解性，并在体例上做了改进——使用案例说明。

实践型教学占有重要的位置，不仅体现了理论和实践紧密结合的学科特征，而且对于提高学生的综合素质，培养学生的创新精神与实践能力有特殊的作用。因此，研究和撰写实践型教材是必需的，也是十分重要的任务。优秀的教材是保证高水平教学的重要因素，选择水平高、内容新、实践性强的教材可以促进课堂教学质量的快速提升。在教学中，应用实践型教材可以增强学生的认知能力、创新能力、实践能力以及团队协作和交流表达能力。

实践型教材应由教学经验丰富、实际应用经验丰富的教师撰写。此系列教材的作者不但从事多年的计算机教学，而且参加并完成了多项计算机类的科研项目，他们把积累的经验、知识、智慧、素质融合于教材中，奉献给计算机科学与技术的教学。

我们在组织本系列教材过程中，虽然经过了详细的思考和讨论，但毕竟是初步的尝试，不完善甚至缺陷不可避免，敬请读者指正。

本系列教材主编　陈明
2005 年 1 月于北京

前　　言

信息能力是职业生涯发展的核心能力之一,对信息的吸纳与处理已成为现代人成功的重要素质,信息能力的提高有助于学生在职业生涯中提升自己的专业能力和职业适应性。信息能力包括信息获取能力、信息加工能力、信息分析能力、信息应用能力以及在信息的获取、加工和应用中体现的意识和思想。通过计算机和网络等设备和工具获取信息、加工信息和应用信息是提升学生信息能力的重要手段,大学计算机基础教学就是这一作用的具体表现。

1. 本书的内容

作为《计算机基础实践导学教程》配套的教学用书,该课程教案的内容以信息处理的过程为基本主线进行组织,包括文字处理、数据处理、图像处理和视频处理;操作系统、数据库、计算机基础和计算机网络诉知识和操作也是本书的重要内容。根据教育部高等学校计算机科学与技术教学指导委员会发布的《关于进一步加强高等学校计算机基础教学的意见》的要求,即在大学计算机课程中设置基础与验证型实验、设计与开发型实验、研究与创新型实验,在课程教案中设计了"设计与开发型实验和研究与创新型实验",通过这些实验,培养学生综合应用计算机知识与技术的能力、以"任务"驱动解决问题的能力、研究和设计的能力以及创新意识和能力,更好地实现该课程教案对教学的辅助与支持功能。

为了实现通过大学计算机基础教学使学生能力发展获得认可,特在该课程教案的附录部分设置了"Microsoft Office Specialist 认证补充 Word 导学"和"Microsoft Office Specialist 认证补充 Excel 导学"等内容,使学生初步了解和熟悉 MOS(Microsoft Office Specialist)认证的要求、特征和操作技巧,为学生参加 MOS 认证考试提供准备,使学生尽早满足现代职场中工作能力的要求。

全书采用了统一的编排方式和组织结构,每一章包括学时分配与知识要求、教案设计两节。在学时分配与知识要点中列出了本章提供的导学实验、各导学实验涉及的知识点、导学实验的学时分配以及各导学实验的难度级别,方便教师和学生根据自己的实际情况和需求从中选择需要教授和学习的导学实验,满足了个性化的教学需求;教案设计部分以课次为单位组织,对每课次的教学目标、重点和难点、教学资源、教学环境和教学方法等进行了描述,并以教学系统设计理论为指导,以表格为载体对课程教学过程进行了详细设计,包括教学提示、教学内容和实验内容的安排、拓展思考、教学总结和作业等环节,通过系统设计的教案为教师实际的教学过程提供了参考,同时为学生的自主学习过程提供了支持支持和引导。

2. 本书的特色

（1）系统化的教案设计：教案设计是本书的重要组成部分和特色，在教案设计中，对每一次课的教学目标、内容、环境和策略进行了详细设计，实现了对教学过程的预设，教师在教学中可以根据实际需求对预设进行调整和修改，方便教师的教学要求；同时也有助于学生使用该指导书进行自主学习，实现了对大学计算机基础教学资源的共享。

（2）MOS 认证内容的引入：通过在课程教案中引入 MOS 认证内容，使大学计算机基础教学与学生的能力认证相结合，通过对这一部分内容的学习和操练，使学生了解 MOS 认证的要求，为认可的学生信息能力提供了必要的准备；并使大学计算机基础课程内容突破了传统课程的体系框架，丰富了课程内容体系。

（3）多层次的导学实验：在课程教案中设计了初级、中级和高级三种级别的导学实验，以及基础与验证型实验、设计与开发型实验、研究与创新型实验三种不同层次的实验，满足不同层次、不同起点、不同专业、不同阶段的学生的需求，使所有学生在原有基础上都有所发展。

（4）导学实验的实用性和典型性：课程教案中的所有导学实验内容都以解决实际问题、掌握计算机基础知识和技能为目的，达到了"学以致用"的效果。同时，每个导学实验中都嵌入了相关的知识点和操作要点，具有一定的典型性和代表性。

（5）以实践导学为主的教学形式：借助于精心设计的导学实验进行实践导学，在实践导学中不仅强调学生实践和操作的培养，而且注重知识点的介绍和讲解，实现了理论教学与实践教学的有机结合。

在本书编写的过程中，得到了鞠慧敏老师的大力协助，特此表示真诚感谢！

本书中的导学实验资源详见《计算机基础实践导学教程》一书及配套光盘。

由于编者水平有限，错漏之处在所难免，敬请各位读者批评指正并告知。

本书中的所有内容、所使用的一切素材，未经版权所有者同意不得擅自用于商业用途。

编　者

2011 年 6 月

目　　录

第0章　教学目标与要求

鉴于计算机技术发展的日新月异、大学计算机基础教育起点的提高及入学新生计算机应用水平参差不齐,有必要对"大学计算机应用基础"课程的教学模式、教学内容、教学手段、教学方法进行改革。针对各学院、各专业对计算机基础课程的需求不一致等情况,本课程设计了"多层次＋多模块＋实践导学"的菜单式结构。多层次——解决入学新生计算机应用水平不一致的问题。分为初级、中级、高级三个层次。多模块——解决各专业对学生的计算机应用能力的要求不同的问题。实践导学——学生于实验的过程中达到知识点和操作技能的学习。实验设计采取"提出问题→解决问题→归纳分析"三部曲,通过大量实验培养学生运用计算机解决实际问题的能力和意识。

根据上述思路,将计算机基础课中应培养的学生能力分为6大部分,即基础知识、文字处理、数据处理、图像处理、音频/视频处理及相关的综合能力,每部分设计了若干个模块,每个模块中又包含若干个导学实验,每个导学实验为2学时。各专业可根据需求选择不同的导学实验进行组合。

由于各专业的选择不同,各班教学内容也随之不同,具体根据各专业选择文件决定。也可根据各专业的特殊要求自行增加新的内容。

	模 块	导 学 实 验
第一部分 基础知识	"操作系统的使用"模块 初级:4学时	导学实验1——Windows XP 的使用,SnagIt 抓图(初级)
	"计算机网络应用基础"模块 初级:4学时	导学实验2——信息的获取(初级)
		导学实验38——网络基础知识(初级)
	"计算机基础知识"模块 初级:6学时 中级:2学时	导学实验34——计算机系统的组成(初级)
		导学实验35——计算机病毒相关知识(初级)
		导学实验36——信息表示、存储及进制转换(初级)
		导学实验37——码制(中级)

续表

模　块	导　学　实　验
"排版软件(Word)"模块 初级：2 学时 中级：8 学时 高级：4 学时	导学实验 3——Word 简单文档排版(初级)
	导学实验 4——Word 长文档排版(中级)
	导学实验 5——Word 论文排版(高级)
	导学实验 6——Word 表格、公式(中级)
	导学实验 7——Word 自选图形、文本框(中级)(2 学时)
	导学实验 8——Word 项目符号(中级)(1 学时)、排版作业讲评(1 学时)(中级)
	导学实验 9——Word 题注和交叉引用(高级)(2 学时)
"演示文稿(PowerPoint)" 中级：4 学时	导学实验 10——设计个性化的演示文稿,制作多模板文件(中级)
	导学实验 11——演示文稿的放映设置(中级)
"绘制图表软件(Visio)"模块 初级：2 学时	导学实验 12——Visio 绘制流程图(初级)
"电子表格软件(Excel)"模块 初级：10 学时 中级：4 学时 高级：4 学时	导学实验 13——Excel 工作表基本操作(初级)
	导学实验 14——Excel 数据导入和导出、Excel 公式和函数(初级)(2 学时)
	导学实验 15——Excel 常用函数(初级)(2 学时)
	导学实验 16——Excel 图表应用(初级)
	导学实验 17——Excel 排序、筛选、分类汇总(初级)
	导学实验 18——Excel 条件格式、数据透视表(中级)
	导学实验 19——Excel 批注、名称、工作表及工作簿的保护、数据有效性(中级)
	导学实验 20——Excel 工作簿间单元格引用、打印专题(高级)
	导学实验 21——Excel 查询函数 VLOOKUP、列表(高级)
"数据库(Access)"模块 初级：8 学时	导学实验 29——Access 学生成绩管理系统

第二部分　文字处理（对应"排版软件(Word)"模块、"演示文稿(PowerPoint)"、"绘制图表软件(Visio)"模块）

第三部分　数据处理（对应"电子表格软件(Excel)"模块、"数据库(Access)"模块）

续表

模　块	导　学　实　验
第四部分 图像处理	"图像处理 (Photoshop)"模块 初级：4学时 中级：2学时 高级：2学时	导学实验22——Photoshop制作证件照、网上报名照片 （初级）
		导学实验23——Photoshop路径、文字、图层样式、选取 工具（初级）（2学时）
		导学实验24——Photoshop色彩色调调整、图层蒙版、矢 量蒙版（中级）
		导学实验25——Photoshop通道、动作和批处理（高级）
第五部分 视频处理	"视频处理(Premiere)"模块 初级：4学时 中级：2学时	导学实验26——Premiere素材的导入、剪辑、输出（初级）
		导学实验27——Premiere特效处理（初级）
		导学实验28——Premiere标记、特效、字幕之综合应用 （中级）
第六部分 综合实验	设计与开发型实验：4学时 研究与创新型实验：4学时 软件安装：2学时	导学实验30——设计与开发型实验——邮件合并
		导学实验31——设计与开发型实验——共享工作簿、单 人成绩输出、制作试卷
		导学实验32——研究与创新型实验——飞行时间统计
		导学实验33——研究与创新型实验——自动显示空 教室
		导学实验39——软件安装专题

0.1　教　学　目　标

　　培养学生在计算机应用方面的基本信息素养与能力，使其能快速适应并胜任办公室计算机工作的大部分需求。

0.2　教　学　要　求

　　(1) 以计算机获取信息、处理信息为主线设置内容，采取各软件综合同步学习方式，避免传统计算机基础知识结构（即把各个软件、领域作为独立的章节进行讲解教学）所造成的学生知识层面仅停留在对各个软件的掌握应用的问题上，从而使学生获得"信息获取与处理"这一整体能力，即达到以办公室计算机工作打开工作局面的目的。

　　(2) 根据各专业负责人选择的内容安排教学内容和进度。

　　(3) 在教学过程中，以"由具体到抽象，由实际到理论，由个别到一般，由零碎到系统"

引导学生的认知，完成计算机应用课程的新"三部曲"——"提出问题→解决问题→归纳分析"，培养学生运用计算机解决实际问题的能力和意识。

（4）以**"学以致用"**的原则设置教学重点。

教 学 内 容	重 点
操作系统 Windows 应用	操作系统的功能及概念、常用设置及后续课程应用过程中发现的不方便之处
文字处理软件 Word 应用	重点：论文排版（样式/页眉页脚/页码/图文混排/目录/书签） 次重点：表格/公式/艺术字/段落设置
表格处理软件 Excel 应用	重点：函数（单元格的引用） 次重点：图表、筛选、排序、透视
演示文稿 PowerPoint 应用	母版/模板/打包 Word 与 PPT 互相转换
图像处理	图像素材的获取及处理
视频处理	音频、视频素材的获取及处理
计算机基础知识	计算机的工作方式和信息存储
计算机网络基础	搜索资料/下载资料

教学过程突出重点，以点带面。实验、练习紧紧围绕重点，不断强化，使学生能真正将所学内容应用到今后的学习和工作中。

（5）对计算机掌握程度不同的学生，可安排不同的实验内容，使所有学生在原有基础上均有所提高。

（6）课堂组织形式。

由于教学环境、教学内容、教学方式、实验内容的变化，课堂组织形式应随之调整，建议课堂教学流程如下：

① 介绍本教学单元要解决的问题，要用到的技能点、重点、难点。

② 提出问题。

③ 探讨解决思路。

④ 介绍知识点。

⑤ 通过实验解决问题。

⑥ 结合理论，归纳总结。

0.3　教学文件的整合

为方便教学，可以将随书光盘的素材文件按课次内容整合成如图 0-1 所示的文件夹形式。并将总文件夹拷贝到每台教师机和学生机的 C 盘根目录下，方便学生在校学习期间随时随地练习及在后续的学习中查询、回忆相关内容。

地址(D) C:\《大学计算机应用基础》实验

🗀 导学实验1——Windows XP的使用、SnagIt抓图（初级）（4学时）
🗀 导学实验2——信息的获取（初级）（4学时）
🗀 导学实验3——Word简单文档排版（初级）（2学时）
🗀 导学实验4——Word长文档排版（中级）（2学时）
🗀 导学实验5——Word论文排版（高级）（2学时）
🗀 导学实验6——Word表格、公式（中级）（2学时）
🗀 导学实验7——Word自选图形、文本框（中级）（2学时）
🗀 导学实验8——Word项目符号（中级）（1学时）、排版作业讲评（1学时）（中级）
🗀 导学实验9——Word题注和交叉引用（高级）（2学时）
🗀 导学实验10——设计个性化的演示文稿、制作多模板文件（中级）（2学时）
🗀 导学实验11——演示文稿的放映设置（中级）（2学时）
🗀 导学实验12——Visio绘制流程图（初级）（2学时）
🗀 导学实验13——Excel工作表基本操作（初级）（2学时）
🗀 导学实验14——Excel数据导入和导出、Excel公式和函数（初级）（2学时）
🗀 导学实验15——Excel常用函数（初级）（2学时）
🗀 导学实验16——Excel图表应用（初级）（2学时）
🗀 导学实验17——Excel排序、筛选、分类汇总（初级）（2学时）
🗀 导学实验18——Excel条件格式、数据透视表（中级）（2学时）
🗀 导学实验19——Excel批注、名称、工作表及工作簿的保护、数据有效性（中级）（2学时）
🗀 导学实验20——Excel工作簿间单元格引用、打印专题（高级）（2学时）
🗀 导学实验21——Excel查询函数VLOOKUP、列表（高级）（2学时）
🗀 导学实验22——Photoshop制作证件照、网上报名照片（初级）（2学时）
🗀 导学实验23——Photoshop路径、文字、图层样式、选取工具（初级）（2学时）
🗀 导学实验24——Photoshop色彩色调调整、图层蒙版、矢量蒙版（中级）（2学时）
🗀 导学实验25——Photoshop通道、动作和批处理（高级）（2学时）
🗀 导学实验26——Premiere素材的导入、剪辑、输出（初级）（2学时）
🗀 导学实验27——Premiere特效处理（初级）（2学时）
🗀 导学实验28——Premiere标记、特效、字幕之综合应用（中级）（2学时）
🗀 导学实验29——Access学生成绩管理系统（8学时）
🗀 导学实验30——设计与开发型实验—邮件合并（2学时）
🗀 导学实验31——设计与开发型实验—共享工作簿、单人成绩输出、制作试卷（2学时）
🗀 导学实验32——研究与创新型实验—飞行时间统计（2学时）
🗀 导学实验33——研究与创新型实验—自动显示空教室（2学时）
🗀 导学实验34——计算机系统的组成（初级）（2学时）
🗀 导学实验35——计算机病毒相关知识（初级）（2学时）
🗀 导学实验36——信息表示、存储及进制转换（初级）（2学时）
🗀 导学实验37——码制（中级）（2学时）
🗀 导学实验38——网络基本知识及IE使用（初级）（2学时）
🗀 导学实验39——软件安装专题
🗀 多媒体素材
🗀 图片

图 0-1 教学文件的整合

第 1 章　Windows XP 的使用

1.1　学时分配与知识要点

本章参考学时为 4 学时,不明显区分上机和上课,边讲边练,由于教学上的需求,"计算机网络基础"模块和"计算机基础知识"模块稍后再讲。本章具体学时分配情况如下所示。

导学实验	主要知识点	学时分配	程度
Windows 01～10	Windows 基本操作	2	
Windows 11～18	文件管理		
Windows 19～26	系统管理		初级
Windows 27～29	磁盘管理	2	
Windows 30	Windows 帮助		
总学时		4	

1.2　教案设计

1.2.1　第 1 次课——Windows 的基本操作

第 1 次课教学安排如下。

讲次	第 1 次课	上课方式	带着学生做
教学环境	多媒体机房或教室	课时	2 学时
教学内容	实验要求及内容见教材第 1 章		
教学目标	了解操作系统的功能及基本概念,熟悉 Windows 使用环境,掌握 Windows 的基本操作		
教学重点	Windows 的基本操作		
教学难点	搜索文件及文件夹,设置添加打印机		

第 1 次课使用的素材文件夹为"导学实验 1——Windows XP 的使用、SnagIt 抓图(初级)(4 学时)",其所含文件如图 1-1 所示。

 字体文件　SnagIt抓图.dot Microsoft Word 模板 763 KB　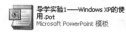 导学实验1——Windows XP的使用.pot Microsoft PowerPoint 模板　 飞鸟动画.exe 中国红蚂蚁　准备工作.dot Microsoft Word 模板 47 KB

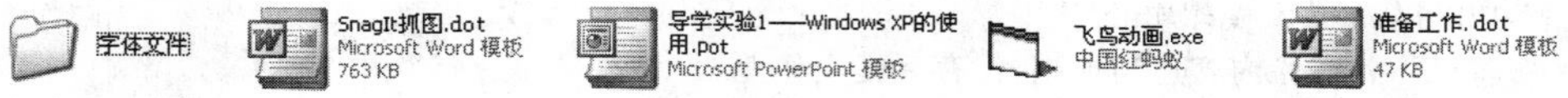

图 1-1　第 1 次课使用的素材

第 1 次课教学过程如下。

教 学 过 程	授课体会
教学提示 课次：第 1 章　第 1/2 次课 提问： 　(1) 统计家里有计算机的同学。 　(2) 统计没有接触过计算机的同学。 开始第 1 章，教学内容提示： 　通过本次课的实验，不仅使学生了解操作系统的功能及基本概念，为今后的计算机使用打下良好的基础，更重要的是使学生掌握后续课程中要熟练使用的一些功能及设置，如搜索文件及文件夹，获取完整的文件名及路径，强制结束任务，获取文件的完整路径、文件名和扩展名，显示文件的扩展名，查看及排列图标，设置共享文件夹，建立程序关联，添加字体，设置"打印机"，删除某程序等。 　为方便检查实验完成情况，可要求学生在每个实验过程中选取能说明某设置修改情况的画面，用 SnagIt 软件进行截图操作，可将截图粘贴于 Word 文档中或保存为图形文件，进行作业提交。 　作业提交的练习可按机房安装的具体软件而变化。	
授课内容 第 1 章　Windows XP 的使用 　1.1　概述 　1.2　Windows XP 的基本操作	
实验内容 1. 相关操作 　Print Screen 键(实验) 　Alt＋Print Screen 键(实验) 2. 准备工作 　(1) 在 D:\下建立一个文件夹，命名为"学号"(如：2008100403105)。 　(2) 按键盘上的 Print Screen 键，启动 Word 应用程序，将剪贴板内的图像粘贴在 Word 文档中，保存于"D:\学号"文件夹中，文件名为"01 中文姓名.doc"。 　(3) 打开【回收站】、【我的电脑】、【我的文档】，单击【还原】按钮，将这些窗口缩小，选中其中一个窗口，按住键盘上的【Alt】键，再按【Print Screen】键，将该窗口以图片形式保留在剪贴板中，将剪贴板内的图像粘贴在 Word 文档中，保存于"D:\学号"文件夹中，文件名为"02 中文姓名.doc"。 　注：也可直接将剪贴板中的内容粘贴在 Excel、Powerpoint、画图、Photoshop 等应用软件中。试试看。 　(4) 使用压缩文件 WinRAR。 　　压缩文件："D:\学号"文件夹。(作为邮件的附件发送时，文件夹要压缩后再发)。 　　解压文件：右击压缩文件图标，单击相应选项。 　(5) 完成课件中"SnagIt 抓图"的要求。 　(6) 压缩"学号"文件夹为"学号.rar"，进行作业提交的练习。	

教　学　过　程	授课体会
实验内容 3. Windows 基本操作实验 　　将以下各实验内容适当抓图,保存后提交作业。 　　实验要求及内容见教材第 1 章。 　　1.2.1 【Windows 导学实验 01——任务栏的使用】 　　1.2.2 【Windows 导学实验 02——设置任务栏】 　　1.2.3 【Windows 导学实验 03——建立快捷方式】 　　1.2.4 【Windows 导学实验 04——在"开始"菜单中添加和删除程序的快捷方式】 　　1.2.5 【Windows 导学实验 05——设置回收站属性】 　　1.2.6 【Windows 导学实验 06——恢复回收站的内容】 　　1.2.7 【Windows 导学实验 07——使启动系统后自动运行一个应用程序】 　　1.2.8 【Windows 导学实验 08——启动计算器】 　　1.2.9 【Windows 导学实验 09——强制结束任务】 　　1.2.10 【Windows 导学实验 10——启动剪贴板查看程序】	
拓展思考 思考: (1) PrintScreen 键能否抓滚动窗口? (2) 在删除电脑中的软件时,可通过控制面板中的"添加或删除程序"或软件自带的 　　卸载程序。尝试:如果找到 C 盘下的该软件文件或文件夹,直接删除,会对电脑 　　有什么影响?	
教学总结 ➢ 操作系统的概念 ➢ Windows 的基本操作	
作业 完成课堂上未做完的实验	
预习 第 1 章　Windows XP 的使用 　1.3　文件管理 　1.4　系统管理 　1.5　磁盘管理	

1.2.2　第 2 次课——Windows 的基本操作

第 2 次课教学安排如下。

讲次	第 2 次课	上课方式	带着学生做
教学环境	多媒体机房或教室	课时	2 学时
教学内容	实验要求及内容见教材第 1 章		
教学目标	掌握 Windows 的控制面板、Windows 系统设置、资源管理器的使用		
教学重点	Windows 的基本操作		
教学难点	Windows 系统设置		

第2次课使用的素材文件夹仍为"导学实验1——Windows XP的使用、SnagIt抓图（初级）（4学时）"，其所含文件如图1-1所示。

第2次课教学过程如下。

教　学　过　程	授课体会
教学提示 课次：第1章　第2/2次课 提问： 　　（1）什么是操作系统？最常用的操作系统是什么？ 　　（2）如何设置回收站的容量？ 　　（3）如何设置自动隐藏任务栏？ 继续第1章，教学内容提示： 　　对于初学者应掌握的基本操作，如：建立新文件夹，复制文件（夹），粘贴文件（夹），删除文件（夹），中文及西文录入，切换输入法，打开文件，保存文件，关闭文件，压缩及解压文件等，可以在教学过程中简单介绍、个别辅导，并鼓励初学者通过请教他人、参考其他书籍、利用当前软件的帮助功能尽快了解基本的计算机操作。	
授课内容 第1章　Windows XP的使用 　1.3　文件管理 　1.4　系统管理 　1.5　磁盘管理	
实验内容 Windows 基本操作实验 将以下各实验内容适当抓图，保存后提交作业。 实验要求及内容见教材第1章。 1.3.1　【Windows导学实验11——显示文件的扩展名】 1.3.2　【Windows导学实验12——获取文件的完整路径、文件名和扩展名】 1.3.3　【Windows导学实验13——搜索文件及文件夹】 1.3.4　【Windows导学实验14——重命名文件】 1.3.5　【Windows导学实验15——查看及排列图标】 1.3.6　【Windows导学实验16——查看隐藏的文件和文件夹】 1.3.7　【Windows导学实验17——将一个文件夹设为共享文件夹】 1.3.8　【Windows导学实验18——建立 Word 文档与写字板程序的关联】 1.4.1　【Windows导学实验19——设置屏幕的显示属性】 1.4.2　【Windows导学实验20——添加字体】 1.4.3　【Windows导学实验21——设置"打印机"】 1.4.4　【Windows导学实验22——设置"鼠标"】 1.4.5　【Windows导学实验23——设置"网络和拨号连接"】 1.4.6　【Windows导学实验24——删除"ACDSee"程序】 1.4.7　【Windows导学实验25——用户账户的设置】 1.4.8　【Windows导学实验26——注册表的使用】 1.5.1　【Windows导学实验27——格式化 U 盘】 1.5.2　【Windows导学实验28——使用"磁盘清理程序"清理磁盘】 1.5.3　【Windows导学实验29——使用"磁盘碎片整理程序"整理 C 盘】 1.6.1　【Windows导学实验30——利用帮助功能查看 Windows 资源管理器的功能】	
拓展思考 思考： 　　（1）隐藏的文件或文件夹能否被删除？ 　　（2）记事本软件生成的文本文件（.txt）能否和 Word 软件相关联？ 　　（3）共享的文件夹，最多能有多少个用户访问？	

续表

教 学 过 程	授课体会
教学总结 ➤ 控制面板的使用 ➤ 资源管理器的基本操作	
作业 完成课堂上未做完的实验	
预习 第 2 章　信息的获取 　　2.1　概述 　　2.2　图像的获取——SnagIt 软件 　　2.3　网络信息的获取	

第2章 信息的获取

2.1 学时分配与知识要点

本章参考学时为4学时,不明显区分上机和上课,边讲边练。本章具体学时分配情况如下所示。

导学实验	主要知识点	学时分配	程度
信息获取01	图像获取——SnagIt软件	4	初级
信息获取02~09	网络信息获取		
总学时		4	

2.2 教案设计

2.2.1 第3次课——网络信息的获取

第3次课教学安排如下。

讲次	第3次课	上课方式	带着学生做
教学环境	多媒体机房或教室	课时	2学时
教学内容	实验要求及内容见教材第2章		
教学目标	具备根据需要通过计算机及网络有效地获取信息的方法和能力		
教学重点	网络信息的获取(包括文本、图像、声音、视频文件、应用软件等)		
教学难点	培养学生利用计算机及网络获取信息的意识和使学生掌握获取信息的有效方法		

第3次课使用的素材文件夹为"导学实验2——信息的获取(初级)(4学时)",其所含文件如图2-1所示。

图2-1 第3次课使用的素材

第 3 次课教学过程如下。

教　学　过　程	授课体会
课次：第 2 章第 1/2 次课 提问： 　　(1) 如果家里的电脑磁盘空间容量不够用了,应如何释放一些空间? 　　(2) 同学们平时如何获得自己需要的信息? 开始第 2 章,教学内容提示： 　　21 世纪不断涌现的新理论、新知识、新技术、新技能,要求人们不断地更新知识, 不断地提高自身的专业水准,而提高其信息素质是极为关键的环节。培养学生的信 息获取能力,不仅是为其专业学习打下良好基础,而且是终身教育的必要保障。 　　通过本章的一系列实验,使学生体会有效地获取各类信息的方法。 2.2.1 【信息的获取导学实验 01——SnagIt 抓图】实验在第 1 章利用 SnagIt 抓图的 　　　基础上,进一步深入工作,如：提取"资源管理器"窗口中的文字,利用滚动窗 　　　口的功能获取超出屏幕显示范围的图像或文字,捕获计算机的操作过程为视 　　　频文件,快速捕获网页下所有图片,对捕获的图片进行标注等,这些内容学生 　　　以前很少接触,但对以后的工作会很有帮助。 2.3.1 【信息的获取导学实验 02——IE 浏览器的使用】大多数学生应该没问题,只 　　　对初学者稍加指导即可。 　　搜索并下载图片、音频、视频及软件的几个实验应没有太大困难。	

第 2 章　信息的获取 　　2.1　概述 　　2.2　图像的获取——SnagIt 软件 　　2.3　网络信息的获取	

左侧栏标签：教学提示、授课内容、实验内容

2.2.1 【信息的获取导学实验 01——SnagIt 抓图】
　　➢ 捕获图标
　　➢ 捕获文字
　　➢ 捕获滚动窗口
　　➢捕获视频
　　➢捕获网页下所有图片
2.3.1 【信息的获取导学实验 02——IE 浏览器的使用】
　　➢启动 IE 浏览器（打开 IE 浏览器,并在地址栏中输入网址）
　　➢熟悉工具栏中相应的按钮
　　➢IE 浏览器的配置
　　➢【工具/Internet 选项】
2.3.3 【信息的获取导学实验 04——网页图片的下载】
　　➢ 下载图片
　　➢ 从源地址下载图片
　　　　(1)【查看/源文件】。
　　　　(2) 找到图片所在网页地址,并复制到地址栏中。
　　　　(3) 可直接访问源图片并下载。
2.3.4 【信息的获取导学实验 05——音频文件的下载】
　　　下载音频文件
　　(1) 打开百度。
　　(2) 进入音频搜索状态。
　　(3) 输入关键词：北京欢迎你。
　　(4) 单击歌曲名,下载音频文件。

续表

教 学 过 程		授课体会
实验内容	2.3.5 【信息的获取导学实验 06——软件的下载】 下载 WinRAR （1）打开百度。 （2）输入关键词：WinRAR 下载。 （3）打开第一个超链接下载。	
拓展思考	思考： 　　SnagIt 不能捕获什么？ 拓展实验： （1）利用 SnagIt 的文字捕获功能将本课程使用的"《大学计算机应用基础》实验"文件夹下一级的 39 个文件夹名称提取出来，制作出本书附录 C 中的表格（提示：可利用 Word 软件的替换功能，快速除去捕获的文字中多余的空格及空行）。 （2）自学利用 SnagIt"输入│滚动│自定义滚动"指定滚动区域以捕获带标题栏和边框的超长窗口。	
教学总结	➢ 利用搜索引擎下载各种信息 ➢ 如何上网求助信息	
作业	完成课堂上未做完的实验	
预习	第 2 章　信息的获取 　2.3　网络信息的获取	

2.2.2　第 4 次课——网络信息的获取

第 4 次课教学安排如下。

讲次	第 4 次课	上课方式	带着学生做
教学环境	多媒体机房或教室	课时	2 学时
教学内容	实验要求及内容见教材第 2 章		
教学目标	具备根据需要通过计算机及网络有效地获取信息的方法和能力		
教学重点	网络信息的获取，高效地搜索指定的信息		
教学难点	网络中高效获取信息的方法		

　　第 4 次课使用的素材文件夹仍为"导学实验 2——信息的获取（初级）（4 学时）"，其所含文件如图 2-1 所示。

　　第 4 次课教学过程如下。

教 学 过 程		授课体会
教学提示	课次：第 2 章 第 2/2 次课 提问： 　（1）用 SnagIt 如何捕获带标题栏和边框的超长窗口？ 　（2）如何设置 IE 浏览器的初始网页？	

教　学　过　程	授课体会
继续第 2 章，教学内容提示 2.3.6 【信息的获取导学实验 07——指定下载文件类型】是学生很少用到的功能，可以开阔其思路。 2.3.7 【信息的获取导学实验 08——利用问答类工具提问】让学生体会用问答类工具寻求网友帮助。 2.3.8 【信息的获取导学实验 09——提取图片上的文字】也是学生以前极少接触，但对提高工作效率很有帮助的实验。 2.3.2 【信息的获取导学实验 03——搜索引擎的使用】的重点在于完成"网络浏览下载题目.doc"的内容。 　　可以将该实验调整到本次课最后完成，这样可较好地控制课堂进度，若有未完成的搜索内容，可作为课后作业继续完成。 　　本实验可以根据学生的提问回答相关的基础知识，从而：① 满足学生求知欲望，② 慢慢渗透基础知识。 　　大多数学生对网络不陌生，因而只要稍微点拨，他们就可以自行完成实验，对于零起点的学生要加强指导，可请基础好的同学帮助他们。	
第 2 章　信息的获取 　　2.3　网络信息的获取（续）	
2.3.6 【信息的获取导学实验 07——指定下载文件类型】 　　➢ 进入百度高级搜索 　　➢ 输入关键词：图像格式 　　➢ 搜索网页格式：ppt 2.3.7 【信息的获取导学实验 08——利用问答类工具提问】 　　使用百度知道求助 　　(1) 注册用户。 　　(2) 登录后提问。 2.3.8 【信息的获取导学实验 09——提取图片上的文字】 　　1. 转换图片格式：tif 　　(1) 启动 Photoshop 或 SnagIt。 　　(2) 打开随书光盘中"信息的获取导学实验/文字图片.jpg"。 　　(3) 另存为：文字图片.tif。 　　2. 识别文本 　　(1)【开始/程序/Microsoft Office/Microsoft Office 工具/Microsoft Office Document Imaging】。 　　(2)【文件/打开】。 　　(3) 选择：文字图片.tif。 　　(4)【使用 OCR 识别文本】按钮。 　　3. 将文本发送到 Word 　　菜单命令【工具/将文本发送到 Word】或单击工具栏中【将文本发送到 Word】。 　　4. 校对错误 　　OCR 的文字识别会产生一定的误差，用户需要校对并修改。	

教学提示（行首标签）
授课内容
实验内容

续表

教　学　过　程	授课 体会
实 验 内 容	2.3.2 【信息的获取导学实验03——搜索引擎的使用】 　　1. 搜索引擎按其工作方式主要可分为三种 　　　　(1) 全文搜索引擎 　　　　　　以网页文字为主：Baidu。 　　　　(2) 目录索引类搜索引擎 　　　　　　目录分类的网站：Yahoo。 　　　　(3) 元搜索引擎 　　　　　　同时在多个引擎上搜索：搜星搜索引擎。 　　2. 搜索时关键词的使用 　　　　(1) 避免某个词语的搜索，关键词前面加一个减号（一，英文字符），注意 　　　　　　减号前需要有一个空格，可以排除搜索结果中的无关资料。 　　　　(2) 用英文双引号将搜索关键词括起来，则该关键词在搜索结果中会以 　　　　　　一个整体出现。 　　3. 打开搜索引擎页面 　　　　(1) 地址栏中输入 http://www.baidu.com。 　　　　(2) 输入关键词：计算机网络。 　　4. 保存部分文本内容 　　　　(1) 打开含有搜索关键词的页面。 　　　　(2) 选中需要的文字。 　　　　(3) 复制→选择性粘贴→无格式文本（粘贴到 Word）。 　　5. 保存整个页面 　　　　(1) 【文件/另存为】。 　　　　(2) 保存类型：文本文件（∗.txt）。	
拓展 思考	思考： 　(1) 除了课堂上讲的在网上获取信息的方法以外，你还知道哪些方法？ 　(2) 搜索时，你还知道哪些技巧？	
教学 总结	搜索引擎的高级使用	
作业	完成课堂上未做完的实验	
预习	第3章　文字处理 　　3.1　Word 概述 　　3.2　Word 基本知识 　　3.3　Word 导学实验	

第 3 章 文 字 处 理

3.1 学时分配与知识要点

本章参考学时为 20 学时，不明显区分上机和上课，边讲边练。为满足实际工作的需求，教学中重点让学生将 Word、PowerPoint、Visio 的操作熟练掌握，并综合运用。本章具体学时分配情况如下表所示。

导学实验	主要知识点	学时分配	程度
Word 01～03	简单文档排版	2	初级
Word 04	长文档排版	2	中级
Word 05	论文排版	2	高级
Word 06～07	表格、公式	2	中级
Word 08～09	自选图形、文本框	2	中级
Word 10	项目符号	1	中级
作业讲评	/	1	/
Word 11	题注和交叉引用	2	高级
PowerPoint 01～04	设计演示文稿、制作多模板文件	2	中级
PowerPoint 05～08	演示文稿放映设置	2	中级
Visio 01～03	Visio 绘制流程图	2	初级
总学时		20	

3.2 教 案 设 计

3.2.1 第 5 次课——简单文档排版

第 5 次课教学安排如下。

讲次	第 5 次课	上课方式	带着学生做
教学环境	多媒体机房或教室	课时	2 学时
教学内容	实验要求及内容见教材第 3 章		
教学目标	简单文档排版的相关知识及技能		
教学重点	图文混排、页面设置、页眉和页脚、查找与替换		
教学难点	页眉和页脚		

第 5 次课使用的素材文件夹为"导学实验 3——Word 简单文档排版（初级）（2 学时）"，其所含文件如图 3-1 所示。

图 3-1　第 5 次课使用的素材

第 5 次课教学过程如下。

教　学　过　程	授课体会
教学提示 课次：第 3 章 Word 第 1/7 次课 提问： （1）你能说出哪些搜索引擎？ （2）如何在网上搜索《王子复仇记》这篇小说？ 开始第 3 章，教学内容提示： 　　本次课初学者要了解 Word 软件的基本功能，全面掌握简单文档的排版，任务较重，因此讲解实验任务后可以让有基础的同学参照教材自己进行实验，教师带领基础薄弱的学生一步步完成实验。着重掌握页面设置、图文混排、页眉页脚设置、查找与替换，可根据学生情况增加文字替换实验。 　　说明不能用空格代替首行缩进、右对齐的道理。 　　另外，会有一部分学生没打开素材文件（自己录入文字），影响速度。 　　鼓励同学互相交流、帮助。 　　未完成的实验可作为课外作业。 　　本次课包含了考试的大部分内容，要求学生要完全掌握这些基本功能，可让学生练习"C:\《大学计算机应用基础》\综合练习——Test"文件夹中的题目。尤其是基础薄弱的学生，可以通过练习较快熟悉 Word 基本操作。	
授课内容 第 3 章　文字处理 　3.1　Word 概述 　3.2　Word 基本知识 　3.3　Word 导学实验	

教 学 过 程	授课体会

实 验 内 容
3.3.1 【Word 导学实验 01——制作简单 Word 文档（请柬）】
  ➢ 新建空白 Word 文档
  ➢ 输入内容
  ➢ 保存
  ➢ 页面设置
  ➢ 字符和段落格式设置
  ➢ 设置页面边框
  ➢ 设置图文混排
  ➢ 打印预览
3.3.2 【Word 导学实验 02——基本排版技术（字符、段落、边框、底纹）】
  ➢ 字符格式设置
  ➢ 段落格式设置
  ➢ 首字下沉
  ➢ 边框和底纹设置
  ➢ 图文混排
3.3.3 【Word 导学实验 03——综合排版技术（分栏、图文混排、艺术字）】
  ➢ 页面格式设置
  ➢ 字符设置
  ➢ 段落格式设置
  ➢ 分栏设置
  ➢ 页眉设置
  ➢ 页码设置
  ➢ 图文混排
  ➢ 艺术字	

拓 展 思 考
拓展实验：
  "C:\《大学计算机应用基础》实验\导学实验 3——Word 简单文档排版（初级）"
文件夹下的实验：
  Word 拓展导学 02——将手动换行符改为段落标记.dot。
思考：
(1) 若在同一文档中，一部分横向纸张、一部分纵向纸张排版 Word 文档，应怎样
    设置？
(2) 如何设置奇偶页不同或各章节不同的页眉页脚？	

教 学 总 结
必须熟练掌握的知识点
  ➢ 文档的建立
  ➢ 文档的保存
  ➢ 文本的录入及编辑
  ➢ 文本格式设置
  ➢ 页面设置
  ➢ 页眉和页脚
  ➢ 图文混排
  ➢ 艺术字
  ➢ 插入符号	

作 业
  "C:\《大学计算机应用基础》实验\导学实验 3——Word 简单文档排版（初级）"
文件夹下的实验：
  Word 拓展导学 01——用图片替换文字.dot	

预 习
第 3 章   文字处理
  3.2   Word 基本知识
  3.3 Word 导学实验	

3.2.2 第6次课——长文档排版

第6次课教学安排如下。

讲次	第6次课	上课方式	带着学生做
教学环境	多媒体机房或教室	课时	2学时
教学内容	实验要求及内容见教材第3章		
教学目标	长文档排版		
教学重点	分节、目录、页码设置、分节设置页眉/页脚		
教学难点	分节设置页眉/页脚/页码、更新目录		

第6次课使用的素材文件夹为"导学实验4——Word长文档排版(中级)(2学时)",其所含文件如图3-2所示。

图3-2 第6次课使用的素材

第6次课教学过程如下。

教 学 过 程	授课体会
课次:第3章 Word第2/7次课 提问: 　(1) 如何在Word文档中使插入的图片和文字很好地融合在一起? 　(2) 若想在横向纸张上排版Word文档,应怎样设置? 　(3) 如何设置页眉页脚? 　(4) 页眉文字插入后,是整个文档页眉都一样?还是每页的都不一样? **继续第3章,教学内容提示:** 　由于极少的学生了解本次课的重点——分节、目录、样式、不同的页眉页脚设置等内容,因此本次课教师须带领全体学生按照实验要求逐步完成"Word导学实验04——王子复仇记.dot"的排版工作。 　一个Word文档,只要页眉或页脚要显示不同的内容,就必须在相应的位置分节。 　分节的意义一定要先讲清楚,可以借用分专业教学的概念。 　一定强调要先断开各节间页眉或页脚的链接(不再显示"与上一节相同"),再设置不同的页眉或页脚。 　一定强调若分节设置奇偶不同的页眉页脚,在"页面设置"对话框中勾选"奇偶页不同"后,应再次断开各节间页眉或页脚的链接。 　若页脚只显示页码,且各节间需要连续页码,则不必断开各节间页脚的链接。 　排版结束,找出薄弱点再次讲解、总结。 　操作快的同学可提前在课堂上完成作业:按"Word导学实验04——长文档排版实验要求.dot",排版"C:\《大学计算机应用基础》实验\导学实验4——Word长文档排版(中级)\长文档排版作业"文件夹中"后两位学号"的文章。	（教学 提 示）

续表

教　学　过　程	授课体会
授课内容 第 3 章　文字处理 　3.2　Word 基本知识 　　3.2.3　分节 　3.3　Word 导学实验 　　3.3.4　04——长文档排版（分节、不同的页眉/页脚、样式、目录）	
实验内容 演示样例"长文档排版参考——王子复仇记.dot"。 　　以长文档"C:\《大学计算机应用基础》实验\导学实验 4——Word 长文档排版（中级）\ Word 导学实验 04——王子复仇记.dot"为素材进行此次课的教学。 　　阅读教材或"Word 导学实验 04——长文档排版实验要求.dot"，按教材或课件的要求及步骤完成实验。 　　由浅入深，依次完成以下内容： 　　（1）页面设置 　　（2）字符、段落设置 　　（3）修饰标题 　　（4）分节 　　（5）断开各节链接 　　（6）设置不同页眉 　　（7）添加不同页码 　　（8）制作封面页：艺术字的制作、图片的插入以及图文混排 　　（9）目录的制作以及更新 　　（10）做文字或图片链接 　　（11）脚注和尾注的设置 分节设置页眉/页脚/页码 　　（1）先设置最简单的页眉。提问学生：是否所有的页全部具有相同的页眉？ 　　（2）再演示奇偶页不同的页眉设置方法。再提问：若想每一章页眉都不一样，该怎么办？ 　　（3）先将节分好，再设置奇偶页不同，再断开各节间的链接，最后进行页眉页脚的设置。 更新目录 　　提问学生：当文章的页码发生改变时，目录会跟着变化吗？ 　　解答：目录的页码不会自动变化，只能"更新域"。	
拓展思考 思考： 　　（1）使用样式的优点是什么？ 　　（2）如何分节？ 　　（3）如何改变图片的环绕方式？ 　　（4）如何在不同的节中设置不同的页码？	
教学总结 熟练掌握以下知识点： 　➤ 分节 　➤ 断开各节间的链接 　➤ 页码设置 　➤ 不同节的页眉页脚设置 　➤ 使用样式 　➤ 目录 　➤ 书签 　➤ 脚注和尾注	

续表

教 学 过 程	授课体会
作业	按"Word 导学实验 04——长文档排版实验要求.dot",排版"C:\《大学计算机应用基础》实验\导学实验 4——Word 长文档排版(中级)\长文档排版作业"文件夹中"后两位学号"的文章。	
预习	第 3 章 文字处理 3.2 Word 基本知识 3.3 Word 导学实验	

3.2.3 第 7 次课——制作论文排版模板

第 7 次课教学安排如下。

讲次	第 7 次课	上课方式	带着学生做
教学环境	多媒体机房或教室	课时	2 学时
教学内容	实验要求及内容见教材第 3 章		
教学目标	按照学校提出的论文格式要求,制作论文排版模板 使用论文排版模板对已有论文进行修饰		
教学重点	自定义样式 设置不同的页眉、页码 保存模板		
教学难点	自定义样式及使用 设置奇偶页不同的页眉、页码		

第 7 次课使用的素材文件夹为"导学实验 5——Word 论文排版(高级)(2 学时)",其所含文件如图 3-3 所示。

图 3-3 第 7 次课使用的素材

第 7 次课教学过程如下。

教 学 过 程	授课体会
教学提示	课次:第 3 章 Word 第 3/7 次课 提问: 　(1)如何设置奇偶页不同的页眉和页脚? 　(2)如何将文章的标题设置为"标题 1"的样式? 继续第 3 章,教学内容提示: 　要求学生当堂提交自己创建的模板文件,以促使学生重视。 　本次课需先介绍样式和模板的概念及在工作中使用的益处。	

教　学　过　程	授课体会
教学提示 　　之后参看"C:\《大学计算机应用基础》实验\导学实验5——Word论文排版（高级）\毕业论文排版参考.dot"文件，了解论文排版的内容和效果。 　　浏览联大毕设文件，了解毕业论文繁复的格式要求。 　　用事先做好的论文模板文件给学生演示，输入标题和内容后，展现用样式修饰的快捷和简便。 　　带领全体学生一起按课件中的步骤由空白文档创建符合学校毕业论文要求的模板文件。 　　2学时可能仅够制作模板文件，故可将应用论文模板对相应学号的论文内容进行排版留作课外作业，要求学生认真完成，此次作业认真评阅，并在后面课上讲评。 　　学期结束时可将教师自己做的毕业论文模板作为新年礼物送给学生，以备他们排版毕业论文时用。	
授课内容 第3章　文字处理 　3.2　Word基本知识 　　3.2.4　样式 　　3.2.5　模板 　3.3　Word导学实验 　　3.3.5　05——制作论文排版模板（自定义样式和模板）	
实验内容 　　参看"C:\《大学计算机应用基础》实验\导学实验5——Word论文排版（高级）\毕业论文排版参考.dot"文件，了解论文排版的效果。 　　查看"C:\《大学计算机应用基础》实验\导学实验5——Word论文排版（高级）\联大毕设文件"，了解联大论文格式要求。 　　论文排版的基本步骤： 　（1）页面的设置（包括页边距、字体大小） 　（2）论文内容的录入 　　➢ 文字的录入 　　➢ 公式的输入 　　➢ 表格的创建 　　➢ 文本框的使用 　　➢ 多个图像的组合 　（3）自定义样式：（按照要求创建样式）应用样式 　　➢ 对章标题、节标题样式的生成和应用 　　➢ 样式的更新 　　➢ 使用分节符、分页符，并注意两者的区别，明确各自的作用 　（4）目录的生成和更新 3.3.5　【Word导学实验05——制作论文排版模板（自定义样式和模板）】 　　➢ 页面设置 　　➢ 字符格式设置 　　➢ 段落格式设置 　　➢ 修饰标题 　　➢ 分节 　　➢ 断开各节链接 　　➢ 不同章节设置不同的页眉 　　➢ 添加页码 　　➢ 封面设计 　　➢ 插入目录 　　➢ 制作超链接 　　➢ 插入脚注、尾注	

教　学　过　程	授课体会
拓展思考	思考： （1）如何将不同的 Word 文件排成一个文件？ （2）自定义样式的顺序为什么安排为：论文内容→论文三、四级标题→论文二级标题→论文一级标题？ （3）为什么定义"论文一级标题"、"论文二级标题"、"论文三、四级标题"的样式时，"样式基于："框内分别选了"标题 1""标题 2""标题 3"，能否全选"标题1"？能否选"正文"或"论文内容"？ （4）为什么自定义样式"图"的"样式基于："选了"无样式"，能否选"论文内容"？	
教学总结	➤ 自定义样式，并应用样式 ➤ 将定义好样式的文档保存为模板 ➤ 提取目录，更新目录	
作业	按照学号选定"C:\《大学计算机应用基础》实验\导学实验 5——Word 论文排版（高级）\毕业论文排版作业"文件夹中的论文，根据教材或课件中"应用论文模板"的要求进行排版。	
预习	第3章　文字处理 　3.3　Word 导学实验 　　3.3.7　07——编辑数学公式	

3.2.4　第 8 次课——表格、公式编辑器

第 8 次课教学安排如下。

讲次	第 8 次课	上课方式	带着学生做
教学环境	多媒体机房或教室	课时	2 学时
教学内容	实验要求及内容见教材第 3 章		
教学目标	制作不规则表格，利用公式编辑器书写复杂的科学公式		
教学重点	表格（建立、调整），公式编辑器的使用		
教学难点	复杂表格的生成和调整		

第 8 次课使用的素材文件夹为"导学实验 6——Word 表格、公式（中级）（2 学时）"，其所含文件如图 3-4 所示。

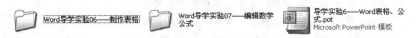

图 3-4　第 8 次课使用的素材

第 8 次课教学过程如下。

教　学　过　程	授课 体会

<table>
<tr><td rowspan="3">教
学
提
示</td><td>

课次：第 3 章 Word 第 4/7 次课

提示：

　　(1) 如何设置不同节有不同的页眉和页脚？

　　(2) 生成目录之前，必须要设置好什么？

继续第 3 章，教学内容提示：

　　表格和公式是论文中常常包含的项目，因此要求学生能熟练掌握。

　　通过【Word 导学实验 06——制作表格】引导学生由建立的规则表格，通过合并单元格得到不规则的表格。

　　学生填写表格后，设置不同的文字对齐方式时容易出现的问题：① 垂直居中的设置（不应利用换行调整）；② 某列文字（如姓名）分散对齐（不应使用空格）；③ 某单元格中文字（如标题）分散对齐时应通过设置【调整宽度】对话框拉开文字间距离（不应使用空格）。

　　编辑公式时，学生对退出公式编辑器回到 Word 主文档编辑状态后再调整公式大小不习惯。可提示学生：回到 Word 主文档编辑状态后，公式像图片一样，作为一个对象，选中后，拖动其上控制点即可调整大小，也可像图片一样设置不同的环绕方式，以便于在论文中安排合适的位置。
</td></tr>
</table>

授课 内容	第 3 章　文字处理 　　3.3　Word 导学实验 　　　　3.3.6　06——制作表格 　　　　3.3.7　07——编辑数学公式

<table>
<tr><td rowspan="2">实
验
内
容</td><td>

3.3.6　【Word 导学实验 06——制作表格】

　　(1) 建立表格

　　(2) 调整表格

　　　　➢ 合并单元格（表格/合并单元格）

　　　　➢ 拆分单元格（表格/拆分单元格）

　　　　➢ 插入、删除行或列（表格/插入、删除）

　　　　➢ 调整或设置行高、列宽（表格/表格属性）

　　(3) 修饰表格（格式/边框和底纹、表格/绘制表格、设置单元格内文字的对齐方式、文字方向）。

　　特别说明垂直居中及分散对齐的应用。

3.3.7　【Word 导学实验 07——编辑数学公式】

　　1. 启动公式编辑器

　　　　(1)【插入/对象】。

　　　　(2) 选中：Microsoft 公式 3.0。

　　2. 公式工具栏

　　　　(1) 第一行符号按钮：有 150 多种数学符号。

　　　　(2) 第二行公式模板按钮：有 120 多种模板样式。

　　3. 打开"C:\《大学计算机应用基础》实验\导学实验 6——Word 表格、公式（中级）\Word 导学实验 07——编辑数学公式\Word 导学实验 07——编辑数学公式.dot"，编辑给定的各公式。
</td></tr>
</table>

续表

教　学　过　程	授课 体会
拓展 思 考	拓展实验： ➤ 文字与表格间的相互转换，(表格/转换)，见"C:\《大学计算机应用基础》实验\导学实验6——Word 表格、公式(中级)\Word 导学实验 06——制作表格\Word 拓展导学——将表格转换为文本或将文本转换成表格.dot" ➤ 表格标题行重复(表格/标题行重复)，见"C:\《大学计算机应用基础》实验\导学实验6——Word 表格、公式(中级)\Word 导学实验 06——制作表格\Word 拓展导学——标题行重复.dot" ➤ 有关表格操作(拆分表格(Ctrl＋Shift＋Enter)、合并表格(Delete)、绘制斜线表头、自动套用格式、设置对齐和环绕方式)，见"C:\《大学计算机应用基础》实验\导学实验6——Word 表格、公式(中级)\Word 导学实验 06——制作表格\Word 拓展导学——有关表格操作.dot"	
教学 总结	➤ 复杂表格的制作 ➤ 插入数学公式	
作业	完成课堂上未做完的实验	
预习	第3章　文字处理 　3.3　Word 导学实验 　　3.3.8　08——自选图形的应用 　　3.3.9　09——文本框编辑技术	

3.2.5　第9次课——自选图形、文本框

第 9 次课教学安排如下。

讲次	第 9 次课	上课方式	带着学生做
教学环境	多媒体机房或教室	课时	2 学时
教学内容	实验要求及内容见教材第 3 章		
教学目标	自选图形、文本框		
教学重点	多个自选图形的对齐和分布，多个自选图形的组合 文本框格式设置，文本框间的链接，改变文字方向		
教学难点	多个自选图形的组合，多个文本框间的链接		

第 9 次课使用的素材文件夹为"导学实验 7——Word 自选图形、文本框(中级)(2 学时)"，其所含文件如图 3-5 所示。

图 3-5　第 9 次课使用的素材

第 9 次课教学过程如下。

教　学　过　程	授课体会

教学提示

课次：第3章 Word第5/7次课
提问：
(1) 如何制作斜线表头？
(2) 如何插入一个数学公式？
继续第3章，教学内容提示：

做自选图形和文本框时，学生常常受绘图画布 在此处创建图形。 的困扰。

取消绘图画布的方法如下：
① 每次取消：单击【撤销】按钮或按【Ctrl＋Z】
② 永久取消：选择菜单【工具】|【选项】|【常规】，将【插入'自选图形'时自动创建绘图画布】前的勾去掉

授课内容

第3章　文字处理
　　3.3　Word导学实验
　　　　3.3.8　08——自选图形的应用
　　　　3.3.9　09——文本框编辑技术

实验内容

3.3.8　【Word导学实验08——自选图形的应用】
　　(1) 选择图形、绘制图形、添加文字。
　　(2) 修饰。
　　(3) 调整叠放次序、对齐与分布、组合。
　　　　结合实验内容介绍自选图形的各项功能，多个自选图形的对齐和分布，多个自选图形的组合。
3.3.9　【Word导学实验09——文本框编辑技术】
　　➤ 改变文本框中文字的字体、字号、颜色
　　➤ 在文本框中插入图形
　　➤ 设置文本框格式(去除或改变边框及填充颜色)
　　➤ 文本框间的链接(第二个文本框一定要空)
　　➤ 改变文字方向(格式/文字方向)
　　(提示学生主文档亦可改变文字方向)

拓展思考

拓展实验：
(1) "C:\《大学计算机应用基础》实验\导学实验7——Word自选图形、文本框(中级)(2学时)\Word导学实验08——自选图形的应用"文件夹中。
　　➤ "拓展导学——改变自选图形.dot"
　　➤ "拓展导学——利用"自选图形"做异形图片.dot"
(2) "C:\《大学计算机应用基础》实验\导学实验7——Word自选图形、文本框(中级)(2学时)\Word导学实验09——文本框编辑技术"文件夹中。
　　➤ "拓展导学——文本框间的链接功能.dot"
　　➤ "拓展导学——文字方向——竖排文本框.dot"
　　➤ "拓展导学——制作名签.dot"
思考：
(1) 是否可以改变主文档的文字方向？
(2) 文本框间的链接有何要求？
(3) 如何较精确地定位自选图形对象？
(4) 如何组合多个自选图形对象？
(5) 如何为对象添加阴影？
(6) 能否将多个不同类型的对象组合为一体？

续表

教学过程	授课体会
教学总结 ➢ 绘制自选图形以及多个图形的组合 ➢ 插入文本框以及文本框之间的链接 ➢ 文本框内文字的方向	
作业 参照"C：\《大学计算机应用基础》实验\导学实验 7——Word 自选图形、文本框、项目符号（中级）\Word 拓展导学 06——制作期刊封面.dot"，结合专业特点，设计制作自己的校刊封面。	
预习 第3章 文字处理 3.3 Word 导学实验 3.3.10 10——项目符号和编号	

3.2.6 第 10 次课——项目符号和编号、排版作业讲评

第 10 次课教学安排如下。

讲次	第 10 次课	上课方式	带着学生做
教学环境	多媒体机房或教室	课时	2 学时
教学内容	实验要求及内容见教材第 3 章		
教学目标	掌握为文章添加项目符号和编号的方法 掌握自定义项目符号和编号的方法 讲评论文排版中的问题		
教学重点	项目符号和编号、排版作业讲评		
教学难点	自定义项目符号和编号		

第 10 次课使用的素材文件夹为"导学实验 8——Word 项目符号（中级）（1 学时）、排版作业讲评（1 学时）（中级）"，其所含文件如图 3-6 所示。

Word导学实验10——项目符号和编号　导学实验8——Word项目符号和编号.pot Microsoft PowerPoint 模板

图 3-6　第 10 次课使用的素材

第 10 次课教学过程如下。

教学过程	授课体会
教学提示 课次：第 3 章 Word 第 6/7 次课 提问： （1）能否把自己的照片置于心形的自选图形中？ （2）在图形中能否让文字竖着排版？如何做到？ 继续第 3 章，教学内容提示： 为【Word 导学实验 10——项目符号和编号】添加项目符号和编号后，引导学生在文章的不同位置（开头、中间、结尾）删除某段或添加段落，观察项目符号和编号的变化，体会其优点。	

教 学 过 程	授课体会
教学提示 "中华人民共和国劳动合同法.dot"是一个学生的作品,在工作中若写如此多的条款而不用项目编号,审稿时,万一去掉第一条,其后条号全要修改,费时费力不算,重要的是容易出错。由此引导学生自定义项目编号,体会其益处。	
授课内容 第3章 文字处理 3.3 Word 导学实验 3.3.10 10——项目符号和编号 排版作业讲评	
实验内容 3.3.10 【Word 导学实验 10——项目符号和编号】 ➢ 为已有文档添加项目符号 ◆【格式/项目符号和编号】 ◆ 选择项目符号 ➢ 为已有文档添加编号 ◆【格式/项目符号和编号】 ◆ 选择编号 ➢ 选择字符作为项目符号 【格式/项目符号和编号】 ◆【项目符号】选项卡中【自定义】按钮 ◆ 在字符按钮中:可选择字符 ◆ 在字体按钮中:改变符号颜色、大小 ➢ 选择图片作为项目符号 【格式/项目符号和编号】 ◆【项目符号】选项卡中【自定义】按钮 ◆ 在图片按钮中:可选择图片 ➢ 自定义编号 【格式/项目符号和编号】 ◆【编号】选项卡中【自定义】按钮 ◆ 选择:编号样式 ➢ 设置:编号格式、起始编号、字体、缩进值等	

拓展思考 思考:自己设计一个带有3级的多级编号,样式如下所示:
 第1章
    1.1
      1.1.1
     ……
 第2章
    2.1
      2.1.1
    2.2
   ……	

教学总结 熟练掌握以下知识点: ➢ 添加项目符号和编号 ➢ 改变项目符号缩进位置 ➢ 自定义项目符号 ➢ 自定义编号	
作业 完成课堂上未做完的实验	
预习 ▯第3章 文字处理 3.3 Word 导学实验 3.3.11 11——题注和交叉引用	

3.2.7　第11次课——自动题注、交叉引用

第11次课教学安排如下。

讲次	第11次课	上课方式	带着学生做
教学环境	多媒体机房或教室	课时	2学时
教学内容	实验要求及内容见教材第3章		
教学目标	掌握为图片等对象添加题注和交叉引用的方法		
教学重点	设置自动题注、交叉引用、更新题注和交叉引用		
教学难点	交叉引用		

第11次课使用的素材文件夹为"导学实验9——Word题注和交叉引用（高级）（2学时）"，其所含文件如图3-7所示。

图3-7　第11次课使用的素材

第11次课教学过程如下。

教　学　过　程	授课体会
教学提示 课次：第3章 Word第7/7次课 提问： 　（1）能否用自己喜欢的图片做项目符号？如何操作？ 　（2）如何设置多级编号？ 继续第3章，教学内容提示： 　　Word的题注和交叉引用功能自动为文档中图片等对象添加图号，并自动将图号作为文中引用成为可能，使增删图片等对象的工作方便、快捷、不易出错。 　　要特别提示学生删除某对象后应更新域。 　　提示学生先添加题注，再添加交叉引用。	
授课内容 第3章　文字处理 　3.3　Word导学实验 　　3.3.11　11——题注和交叉引用	
实验内容 3.3.11　【Word导学实验11——题注和交叉引用】 　➢ 观察图片题注 　➢ 在中间插入一张图片后，题注的变化 　➢ 设置自动题注 　　◆【插入/引用/题注】 　　◆ 新建标签：图 　　◆ 设置：自动插入题注 　　◆ 插入5张图片，观察题注 　　◆ 删除前3张图片，观察题注 　　◆ 右击【题注】：更新域，观察题注	

教 学 过 程	授课体会
实验内容	➢ 交叉引用 　　【插入/引用/交叉引用】 ➢ 跟踪交叉引用 ➢ 更新题注和交叉引用	
拓展思考	拓展实验： 　　文件夹"C:\《大学计算机应用基础》实验\导学实验9——Word题注和交叉引用（高级）\Word拓展导学"中 ➢ "Word拓展导学03——域.dot" ➢ "Word拓展导学04——符号艺术字.dot" ➢ "Word拓展导学05——Word文档的背景音乐.dot"	
教学总结	➢ 题注和交叉引用 ➢ 自动题注	
作业	完成课堂上未做完的实验	
预习	第3章　文字处理 　　3.5　PowerPoint概述 　　3.6　PowerPoint基本知识 　　3.7　PowerPoint导学实验	

3.2.8　第12次课——设计个性化演示文稿、制作多模板文件

第12次课教学安排如下。

讲次	第12次课	上课方式	带着学生做
教学环境	多媒体机房或教室	课时	2学时
教学内容	实验要求及内容见教材第3章		
教学目标	设计个性化的演示文稿、制作多模板文件		
教学重点	使用文字链接、动画等 使用设计模板美化演示文稿 修改具有个性的母版 保存自己的模板		
教学难点	制作多模板		

第12次课使用的素材文件夹为"导学实验10——设计个性化的演示文稿、制作多模板文件（中级）（2学时）"，其所含文件如图3-8所示。

PowerPoint导学实验01——创建空白演示文稿

PowerPoint导学实验03——设计个性化的演示文稿

PowerPoint导学实验04——制作模板

导学实验10——设计个性化的演示文稿、制作多模板文...
Microsoft PowerPoint 模板

演示文稿制作.dot
Microsoft Word 模板
12 KB

图 3-8　第 12 次课使用的素材

第 12 次课教学过程如下。

教 学 过 程	授课体会
课次：第 3 章 PowerPoint 部分第 1/2 次课 **提问**： 　　(1) 如何为文档中的图片自动加题注？ 　　(2) 在文档的文字当中,如何引用图片的题注？ **继续第 3 章,教学内容提示**： 　　一部分学生会制作演示文稿,而一部分学生又没接触过,每学期还有学生要求提前讲演示文稿以应对他们课外工作的需要。因此,要让所有学生在 2 学时内都有收获,就要有一些实用的、新鲜的内容。 3.7.1　【PowerPoint 导学实验 01——创建空白演示文稿】。教师可以提醒学生已有素材文字文件,他们会将其复制到 PPT 中,教师由 Word 文档发送文字内容到演示文稿会比粘贴快许多,由此将学生注意力吸引到课堂内容上。打开 5 个素材文件各发 1 次,不仅使学生观察到 Word 文字样式与 PPT 占位符之间的关系,也使他们迅速熟练使用该功能。 3.7.2　【PowerPoint 导学实验 02——应用设计模板修饰演示文稿】,使学生了解并会利用系统提供的设计模板(快速进行)。 3.7.3　【PowerPoint 导学实验 03——设计个性化的演示文稿】,在教会学生方法的同时,鼓励学生从个性化设计培养创新意识(快速进行)。 3.7.4　【PowerPoint 导学实验 04——制作模板】,教导学生不仅工作要做得有特色,还应具备优质的服务意识和规范的管理手段。修改 PPT 母版并保存为模板,可以为工作带来许多便利。本实验制作多个不同母版的模板部分是学生不曾接触的内容,不要求其独立掌握,只要能跟着教师完成即可。 　　本次课由教师带领学生按实验步骤进行。	
第 3 章　文字处理 　　3.5　PowerPoint 概述 　　3.6　PowerPoint 基本知识 　　　　3.6.1　创建演示文稿 　　　　3.6.2　幻灯片版式 　　　　3.6.3　设计模板 　　　　3.6.4　幻灯片母版 　　　　3.6.5　动画 　　　　3.6.6　自定义放映 　　　　3.6.7　"打包成 CD"功能 　　　　3.6.8　"根据内容提示向导"创建演示文稿 　　3.7　PowerPoint 导学实验 　　　　3.7.1　01——创建空白演示文稿 　　　　3.7.2　02——应用设计模板修饰演示文稿 　　　　3.7.3　03——设计个性化的演示文稿 　　　　3.7.4　04——制作模板	
实验内容 演示几种不同风格的演示文稿 如：美丽的西藏——(音乐——排练计时)(学生作品) 　　立邦漆——(视频) 　　背景——幻灯片定时切换——祝福.ppt	

教　学　过　程	授课体会
实验内容 3.7.1 【PowerPoint 导学实验 01——创建空白演示文稿】 　➤ 输入文字 　　由 Word 文档发送文字内容到演示文稿 　➤ 制作摘要幻灯片 　➤ 设置页眉和页脚 　➤ 插入超链接 　➤ 添加动作按钮 　➤ 保存演示文稿(文件名为：中国古代四大发明(空白文档).ppt) 　➤ 观看放映效果 3.7.2 【PowerPoint 导学实验 02——应用设计模板修饰演示文稿】 　➤ 打开"中国古代四大发明(空白文档).ppt" 　➤ 【格式/幻灯片设计】 　➤ 应用设计模板 3.7.3 【PowerPoint 导学实验 03——设计个性化的演示文稿】 　➤ 打开"中国古代四大发明(空白文档).ppt" 　➤ 【格式/背景】 　➤ 选择填充效果 　　渐变颜色、纹理、图案、图片 3.7.4 【PowerPoint 导学实验 04——制作模板】 　➤ 修改幻灯片母版 　　◆ 添加幻灯片母版 　　　■ 建立一个新的空白演示文稿 　　　■【视图/母版/幻灯片母版】 　　◆ 修改幻灯片母版 　　　■ 进行各项格式设置 　➤ 修改标题母版 　　◆ 添加标题母版 　　　■【视图/母版/标题母版】 　　◆ 修改标题母版 　　　■ 进行各项格式设置 　➤ 保存模板 　　◆ 保存类型：演示文稿设计模板 ∗.ppt 　➤ 使用自建的模板 　　◆【文件/新建】→选择本机上的模板 　　◆ 或双击自存的模板文件(.ppt)	
拓展思考 拓展实验： ➤ 制作多个不同母版的模板 　◆ 进入由用户模板建立的新演示文稿 　◆【视图/母版/幻灯片母版】 　◆ 复制幻灯片母版，粘贴 3 次 　◆ 为各幻灯片母版进行设计 　◆ 关闭母版视图 　◆ 保存为.ppt 的模板文件 ➤ 应用多模板 　◆ 打开"中国古代四大发明(空白文档).ppt" 　◆【格式/幻灯片设计】 　◆ 选自建模板 依次对各幻灯片选择相应的模板	

续表

教学过程		授课体会
教学总结	➢ PowerPoint 基本操作 ➢ Word 与 PPT 之间的转换 ➢ 设计模板 ➢ 母版 ➢ 模板的制作及保存 ➢ 动画、幻灯片切换效果	
作业	参照"C:\《大学计算机应用基础》实验\导学实验 10——设计个性化的演示文稿、制作多模板文件(中级)\演示文稿制作.doc"要求,制作人物简介、国家介绍、作品介绍、歌曲介绍等演示文稿。	
预习	第 3 章　文字处理 　　3.7　PowerPoint 导学实验	

3.2.9　第 13 次课——演示文稿的放映设置

第 13 次课教学安排如下。

讲次	第 13 次课	上课方式	带着学生做
教学环境	多媒体机房或教室	课时	2 学时
教学内容	实验要求及内容见教材第 3 章		
教学目标	演示文稿的放映设置		
教学重点	演示文稿的打包、排练计时、自定义放映、制作电子相册、多种保存格式		
教学难点	自定义放映		

第 13 次课使用的素材文件夹为"导学实验 11——演示文稿的放映设置(中级)(2 学时)",其所含文件如图 3-9 所示。

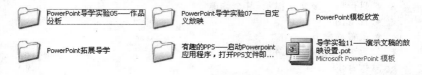

图 3-9　第 13 次课使用的素材

第 13 次课教学过程如下。

教学过程		授课体会
教学提示	课次:第 3 章 PowerPoint 部分第 2/2 次课 提问: 　　(1) 使每张幻灯片具有相同的风格,有哪几种方法? 　　(2) 在幻灯片放映当中,如何使音乐始终播放? 继续第 3 章,教学内容提示:	

	教　学　过　程	授课 体会
教学提示	3.7.5 【PowerPoint 导学实验 05——作品分析】,通过剖析作品进一步理解母版、字体、音乐、动画、排练计时、打包等综合应用。 3.7.6 【PowerPoint 导学实验 06——制作电子相册】,电子相册功能使学生又一次了解了快速工作的方法。 3.7.7 【PowerPoint 导学实验 07——自定义放映】,自定义放映是提高学生应变能力的一种手段。在工作中应用这种技术的同时,会使领导发现其素质潜能。 3.7.8 【PowerPoint 导学实验 08——PowerPoint 的多种保存格式】,方便、快捷的功能体现了软件作者的服务意识,若学生能有这种工作意识,肯定会有出色的工作成绩。	
授课内容	第 3 章　文字处理 　　3.7　PowerPoint 导学实验 　　　3.7.5　05——作品分析 　　　3.7.6　06——制作电子相册 　　　3.7.7　07——自定义放映 　　　3.7.8　08——PowerPoint 的多种保存格式 　　　3.7.9　PowerPoint 拓展导学	
实验内容	演示 　　扼住命运的咽喉——打包.ppt——(排练计时→嵌入字体→打包) 　　扼住命运的咽喉——未打包.ppt 3.7.5 【PowerPoint 导学实验 05——作品分析】 　➤ 分析打包 　➤ 分析母版制作过程(幻灯片母版及标题母版) 　　◆ 修改"标题"占位符及"文本"占位符 　　◆ 安装字体文件 　　◆ 字体设置: 　　　■ 文鼎霹雳体 　　　■ 文鼎齿轮体 　　　■ 华康简综艺 　　◆ 只保留一级文字提示,其余均删除 　　◆ 背景图片 　　◆ 设置动画方案 　➤ 分析"标题图片"之路径动画 　➤ 分析音乐 　　◆ 插入音频文件 　　　【插入/影片和声音/文件中的声音】 　　◆ 始终播放音乐 　　　在【自定义动画】任务窗格中单击音乐文件右侧下拉箭头,选【效果选项】,在打开的【播放 声音】对话框之【效果】选项卡中,选择【在指定张数的幻灯片后】停止播放声音。 　　◆ 重复播放音乐 　　　在【播放 声音】对话框【计时】选项卡中,选择重复方式为【直到幻灯片末尾】。 　　◆ 放映时没有音频文件图标 　　　在【播放 声音】对话框【声音设置】选项卡中,选择复选框【幻灯片放映时隐藏声音图标】。	

续表

教　学　过　程		授课体会
实验内容	➢ 自动播放 　◆ 使用排练计时 　　【幻灯片放映/排练计时】 　◆ 指定幻灯片的切换时间 　　【幻灯片放映/幻灯片切换】 　◆ 打包 　　【文件/打包成 CD】 制作——"扼住命运的咽喉.ppt" ➢ 打开："扼住命运的咽喉——标题 1、2.doc" ➢ 观察文字及空行所用样式 ➢ 将其发送到 PowerPoint ➢ 还原"扼住命运的咽喉——打包.ppt"的制作过程 3.7.6 【PowerPoint 导学实验 06——制作电子相册】 ➢ 新建空白演示文稿 ➢【插入/图片/新建相册】 ➢ 保存 3.7.7 【PowerPoint 导学实验 07——自定义放映】 ➢ 新建自定义放映 　【幻灯片放映/自定义放映】 　◆ 名为：5 张，自选 5 张幻灯片 　◆ 名为：10 张，自选 10 张幻灯片 　◆ 名为：15 张，自选 15 张幻灯片 ➢ 演示自定义放映 　◆【幻灯片放映/设置放映方式】 　◆ 指定自定义放映名称 ➢ 超链接到自定义放映幻灯片 　【插入/超链接】 3.7.8 【PowerPoint 导学实验 08——PowerPoint 的多种保存格式】 ➢ 将多种对象保存为图片 ➢ 将演示文稿存为放映类型：*.pps ➢ 将演示文稿大纲保存为大纲文档 ➢ 将演示文稿保存为网页	
拓展思考	拓展实验： 3.7.9 PowerPoint 拓展导学 　PowerPoint 拓展导学 01——动作设置（超链接） 　PowerPoint 拓展导学 02——压缩演示文稿中的图片.doc 　PowerPoint 拓展导学 03——插入其他文件已有的幻灯片.doc 　PowerPoint 拓展导学 04——配色方案.ppt 　PowerPoint 拓展导学 05——图示动画.ppt	
教学总结	➢ 演示文稿的打包 ➢ 排练计时 ➢ 自定义放映 ➢ 制作电子相册 ➢ 多种保存格式	
作业	将个人所排版的论文复制一份，调整后制作成答辩用的演示文稿。	
预习	第 3 章 文字处理 　3.10 Visio 导学实验	

3.2.10　第 14 次课——Visio 绘制模块图/流程图

第 14 次课教学安排如下。

讲次	第 14 次课	上课方式	带着学生做
教学环境	多媒体机房或教室	课时	2 学时
教学内容	实验要求及内容见教材第 3 章		
教学目标	Visio 绘制模块图/流程图		
教学重点	Visio 绘制模块图/流程图		
教学难点	分支和循环结构流程图的理解		

第 14 次课使用的素材文件夹为"导学实验 12——Visio 绘制流程图（初级）（2 学时）"，其所含文件如图 3-10 所示。

图 3-10　第 14 次课使用的素材

第 14 次课教学过程如下。

教 学 过 程	授课体会
教学提示 课次：第 3 章 Visio 部分第 1/1 次课 提问： 　（1）如何让演示文稿自动播放？ 　（2）演示文稿可以保存为常用格式的扩展名有哪些？ 继续第 3 章，教学内容提示： 　　经过训练，所有学生都能掌握实验内容，但到第 2 学期写课程设计报告时，有相当一部分学生会忘记 Visio 这个能够作出专业效果图例的工具的存在，而手工绘制。培养学生使用工具的意识非常重要。	
授课内容 第 3 章　文字处理 　　3.10　Visio 导学实验 　　　　3.10.1　【Visio 导学实验 01——绘制模块图】 　　　　3.10.2　【Visio 导学实验 02——绘制流程图】 　　　　3.10.3　【Visio 导学实验 03——绘制标示图】	
实验内容 　3.10.1　【Visio 导学实验 01——绘制模块图】 　　➢ 创建图表 　　　绘图类型：流程图之基本流程图 　　➢ 添加形状、文字 　　　◆ 将模板中形状拖曳到绘图页中 　　　◆ 双击形状：添加文字	

续表

教　学　过　程	授课体会
实验内容 ➤ 设置形状格式、复制形状 　　◆ 复制形状：复制，粘贴 　　◆ 设置形状格式：利用格式工具栏 ➤ 调整形状位置、添加连接线、去箭头、组合形状 ➤ 保存 Visio 绘图文件 3.10.2 【Visio 导学实验 02——绘制流程图】 ➤ 创建图表 　　【文件/形状/流程图/基本流程图】 ➤ 添加形状、添加文字、设置形状格式、复制形状、改变形状 ➤ 调整各形状位置、添加连接线、组合形状 ➤ 保存 Visio 绘图文件 3.10.3 【Visio 导学实验 03——绘制标示图】 ➤ 创建图表 ➤ 【文件/形状/其他 Visio 方案/标注】 ➤ 粘贴"格式工具栏"图形 ➤ 添加形状、文字、设置形状格式、复制形状 ➤ 调整形状位置、组合 ➤ 保存 Visio 绘图文件	
拓展思考 拓展实验： 　"C:\《大学计算机应用基础》实验\导学实验 12——Visio 绘制流程图（初级）/ Visio 拓展实验——绘制循环结构流程图.vst"	
教学总结 Visio 绘制模块图/流程图	
作业 完成课堂上未做完的实验	
预习 第 4 章　数据处理 　4.1　概述 　4.2　Excel 工作表的基本操作	

第4章 数据处理

4.1 学时分配与知识要点

本章参考学时为 18 学时,不明显区分上机和上课,边讲边练,重点就是 Excel 的熟练应用。本章具体学时分配情况如下表所示。

导学实验	主要知识点	学时分配	程度
Excel 01～04	Excel 基本操作	2	初级
Excel 05～10	Excel 数据导入及导出、公式与函数基本应用	4	初级
Excel 11～12	图表应用	2	初级
Excel 13～15	排序、筛选、分类汇总	2	初级
Excel 16～17	条件格式、数据透视表	2	中级
Excel 18～20	批注、名称、工作表/工作簿保护、数据有效性	2	中级
Excel 拓展实验 01～02	工作簿间单元格引用、打印专题	2	高级
Excel 拓展实验 03～05	VLOOPUP 函数、列表	2	高级
总学时		18	

4.2 教案设计

4.2.1 第 15 次课——Excel 工作表的基本操作

第 15 次课教学安排如下。

讲次	第 15 次课	上课方式	带着学生做
教学环境	多媒体机房或教室	课时	2 学时
教学内容	实验要求及内容见教材第 4 章		
教学目标	Excel 工作表的操作		
教学重点	Excel 基本知识和基本操作、单元格格式设置、选择性粘贴		
教学难点	选择性粘贴		

第 15 次课使用的素材文件夹为"导学实验 13——Excel 工作表基本操作(初级)(2 学时)",其所含文件如图 4-1 所示。

图 4-1　第 15 次课使用的素材

第 15 次课教学过程如下。

教　学　过　程	授课体会
教学提示 课次：第 4 章 第 1/9 次课 提问： 　(1) 如何修改 Visio 中图形的颜色？ 　(2) Visio 的文件后缀名是什么？ 开始第 4 章,教学内容提示： 　　多数学生没有接触过 Excel 软件,故学习前教师可以用 1 学时集中演示、介绍 Excel 对数据处理的强大功能,使学生有个总体认识。 　　要求学生依次完成各工作表中的实验任务,不但了解软件环境、简单的操作,还要明白 Excel 软件的专业术语(如：编辑栏、填充柄、名称框、行号、列标等等),后面的课堂才能跟上。 　　课上未做完的实验,第 2 次 Excel 课前一定自己完成。	
授课内容 第 4 章　数据处理 　4.1　概述 　　4.1.1　Excel 2003 窗口介绍 　　4.1.2　Excel 工作流程 　4.2　Excel 工作表的基本操作 　　4.2.1　01——基本认知实验 　　4.2.2　02——Excel 单元格和工作表基本操作 　　4.2.3　03——单元格数据格式 　　4.2.4　04——工作表操作和选择性粘贴	
实验内容 演示： Excel 软件功能 4.2.1　【Excel 导学实验 01——基本认知实验】 　➤ 名称框、编辑栏 　➤ 滚动条、窗格 　➤ 改变行高、列宽 　➤ 行或列的插入、删除、隐藏 　➤ 单元格的清除和删除 　➤ 改变单元格格式 4.2.2　【Excel 导学实验 02——Excel 单元格和工作表基本操作】 　➤ 合并单元格、拆分合并单元格 　➤ 对齐方式 　➤ 输入数据	

教　学　过　程	授课体会

<table>
<tr><td rowspan="1">实验内容</td><td>

➢ 输入技巧
➢ 工作表的操作
➢ 冻结窗口

4.2.3 【Excel 导学实验 03——单元格数据格式】
➢ 单元格自动换行
➢ 单元格区域内换行
➢ 实用的日期填充
➢ 双击填充柄填充数据和公式
➢ 快速跳到队头、队尾
➢ 日期格式
➢ 观察单元格格式
➢ 自定义单元格格式
➢ 自动为单元格添加数量单位
➢ 自动设置小数点

4.2.4 【Excel 导学实验 04——工作表操作和选择性粘贴】
➢ 为工作表加个漂亮的背景
➢ 把表格复制成图片
➢ 选择性粘贴
➢ 选择性粘贴——运算
➢ 速改工资表
➢ 选择性粘贴——转置
➢ 在多个单元格中输入同一个公式
➢ 步调一致

</td><td></td></tr>
<tr><td>拓展思考</td><td colspan="2">

思考：
　　Excel 中，选择性粘贴中还有哪些功能？在其他的应用程序中，有选择性粘贴吗？

</td></tr>
<tr><td>教学总结</td><td colspan="2">

➢ Excel 基本知识和基本操作
➢ 单元格格式设置
➢ 选择性粘贴

</td></tr>
<tr><td>作业</td><td colspan="2">完成全部实验</td></tr>
<tr><td>预习</td><td colspan="2">

第 4 章　数据处理
　　4.3　Excel 导入和导出数据
　　4.4　Excel 公式和函数的应用

</td></tr>
</table>

4.2.2　第 16 次课——导入和导出数据、Excel 公式和函数

第 16 次课教学安排如下。

讲次	第 16 次课	上课方式	带着学生做
教学环境	多媒体机房或教室	课时	2 学时
教学内容	实验要求及内容见教材第 4 章		
教学目标	导入和导出数据、Excel 公式和函数的基本应用方法		
教学重点	单元格引用的概念和方法、Excel 公式和函数的应用		
教学难点	正确应用函数的参数		

第 16 次课使用的素材文件夹为"导学实验 14——Excel 数据导入和导出、Excel 公式和函数(初级)(2 学时)",其所含文件如图 4-2 所示。

图 4-2　第 16 次课使用的素材

第 16 次课教学过程如下。

教　学　过　程	授课体会
课次：第 4 章 第 2/9 次课 **提问**： 　(1) 如何快速地将 Excel 的行和列调换? 　(2) 如何在多个单元格中输入同一个公式? 　(3) 怎样隐藏工作表? 隐藏的工作表能否防止别人打开? 　(4) 何时使用冻结窗格功能? **继续第 4 章,教学内容提示**： 　　讲 4.4.1【Excel 导学实验 06——统计电费】的"用电数"时介绍公式和相对引用的概念,让学生自己做"电费金额",学生会出错,教师可以演示错误,让学生依次观察"电费金额"列各单元格内的公式,找出症结所在。这时教师再讲解单元格的绝对引用,学生会顺利地完成。 　　4.4.2【Excel 导学实验 07——统计天然气费用】结构与"统计电费"相似,只是要做 10 张楼层统计表和 1 张全楼统计表。教师可以和学生比赛速度,但要让学生先做 5 分钟。 　　学生这次非常注意单元格绝对引用问题,聪明的学生会将公式复制到其余表中,但全楼统计表要费一些时间。教师做时先通报一下,之后用成组工作表一次做完 10 个楼层的统计表。全楼统计时,求和单元格仍引用了成组工作表中的单元格,故教师会先完成,在学生惊讶中讲解步调一致的成组工作表,学生很愿意接受并要求模仿试做,此时再提醒学生学习最后 1 张工作表——"快捷的成组工作表操作"。	
第 4 章　数据处理 　　4.3　Excel 导入和导出数据 　　　　4.3.1　05——导入和导出数据 　　4.4　Excel 公式和函数的应用 　　　　4.4.1　06——统计电费 　　　　4.4.2　07——统计天然气费用	
4.3.1　【Excel 导学实验 05——导入和导出数据】 　　➤ 导入文本文件 　　➤ 导入数据库文件 　　➤ 导出数据为网页 4.4.1　【Excel 导学实验 06——统计电费】 　　➤ 计算出该户本月的用电数 　　➤ 根据用户本月用电数计算出该户的电费 　　➤ 求该单元总的电费数	

教　学　过　程	授课 体会
实验 内容	4.4.2 【Excel 导学实验 07——统计天然气费用】 ➤ 统计每层楼的交费 ➤ 统计全楼的交费
拓展 思考	思考： 　跨工作簿能否将数据统一进行计算？
教学 总结	➤ 公式的组成 ➤ 函数的结构及参数 ➤ 单元格的引用 ➤ 相同工作表的成组操作
作业	完成课堂上未做完的实验
预习	第 4 章　数据处理 　4.4　Excel 公式和函数的应用

4.2.3　第 17 次课——Excel 常用函数

第 17 次课教学安排如下。

讲次	第 17 次课	上课方式	带着学生做
教学环境	多媒体机房或教室	课时	2 学时
教学内容	实验要求及内容见教材第 4 章		
教学目标	Excel 常用函数使用 　数学函数应用 　统计函数应用 　文本函数应用 　时间日期函数应用 利用帮助功能		
教学重点	SUM、AVERAGE、MAX、MIN、COUNTIF、COUNTA、IF、ROUND、INT、 RANK、LEFT、MID、TODAY、DATE、CHOOSE 等函数的应用 函数的嵌套使用		
教学难点	正确应用函数的参数		

第 17 次课使用的素材文件夹为"导学实验 15——Excel 常用函数（初级）（2 学时）"，其所含文件如图 4-3 所示。

图 4-3　第 17 次课使用的素材

第 17 次课教学过程如下。

教　学　过　程	授课体会
教学提示 课次：第 4 章 第 3/9 次课 提问： 　　(1) 使用成组工作表的条件是什么？ 　　(2) 在 Excel 的公式中，何时使用相对引用？何时使用绝对引用？ 　　(3) COUNTIF 函数有几个参数？分别是什么含义？ 继续第 4 章，教学内容提示： 　　在操作过程中，重点说明各函数参数的意义和用法。 　　注意 RANK 函数绝对单元格的引用。学生在做"记分册"工作表中会出错，结果会有多个第一名，让学生自己检查各单元格并改正。到做"按生日比大小"工作表时，绝对单元格的引用基本就不出错了。	
授课内容 第 4 章　数据处理 　　4.4　Excel 公式和函数的应用 　　　　4.4.3　08——常用函数使用 　　　　4.4.4　09——数学和统计函数使用 　　　　4.4.5　10——文本和时间日期函数使用	
实验内容 4.4.3　【Excel 导学实验 08——常用函数使用】 　　➢ 学生成绩 　　➢ 评分计算 　　➢ 分数段统计 4.4.4　【Excel 导学实验 09——数学和统计函数使用】 　　➢ 学习了解工作表 1～3 　　　　1——输入函数或公式 　　　　2——数学和三角函数 　　　　3——统计函数 　　➢ 按要求完成工作表 5、7、8 的任务 　　　　5——记分册(数学函数) 　　　　7——考勤表(统计函数) 　　　　8——猜猜看(数学函数) 4.4.5　【Excel 导学实验 10——文本和时间日期函数使用】 　　➢ 学习了解工作表 1～3 　　　　1——文本和数据函数 　　　　2——时间和日期函数 　　　　3——嵌套函数 　　➢ 按要求完成工作表 5、6、7 的任务 　　　　5——从学号提取个人信息(文本函数) 　　　　6——按生日比大小 　　　　7——新年倒计时(时间函数)	
拓展思考	思考： 　　观察 Excel 中的函数，看看还有哪些功能可能用得到？

	教　学　过　程	授课体会
教学总结	➤ Excel 常用函数使用 　数学函数应用 　统计函数应用 　文本函数应用 　时间日期函数应用 ➤ 利用帮助功能	
作业	完成课堂上未做完的实验	
预习	第 4 章　数据处理 　4.5　Excel 图表功能	

4.2.4　第 18 次课——根据表格数据生成 Excel 图表

第 18 次课教学安排如下。

讲次	第 18 次课	上课方式	带着学生做
教学环境	多媒体机房或教室	课时	2 学时
教学内容	实验要求及内容见教材第 4 章		
教学目标	根据表格数据生成 Excel 图表		
教学重点	由 Excel 工作表数据生成各类图表、编辑图表、格式化图表		
教学难点	编辑图表		

第 18 次课使用的素材文件夹为"导学实验 16——Excel 图表应用（初级）（2 学时）"，其所含文件如图 4-4 所示。

  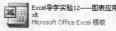 

图 4-4　第 18 次课使用的素材

第 18 次课教学过程如下。

	教　学　过　程	授课体会
教学提示	课次：第 4 章　第 4/9 次课 提问： 　（1）如何取字符串的左边 4 个字符？ 　（2）按照要求的条件统计个数，使用哪个函数？ 继续第 4 章，教学内容提示： 　在完成两个图表实验的基础后，有时间可以带学生完成温度计图表的制作，开阔学生思路，学生对此会很有兴趣。	

续表

教　学　过　程	授课体会
授课内容 第 4 章　数据处理 　　4.5　Excel 图表功能 　　　　4.5.1　11——图表基本知识 　　　　4.5.2　12——图表应用	
实验内容 4.5.1 【Excel 导学实验 11——图表基本知识】 　➤ 创建图表——选定用于创建图表的数据,单击【插入/图表】 　　◆ 选择图表类型 　　◆ 确认数据源 　　◆ 设置图表选项 　　◆ 确认图表位置 　➤ 编辑图表——右击图表区或绘图区,在快捷菜单中选择以下命令项编辑 　　相应内容 　　◆ 图表类型 　　◆ 数据源 　　◆ 图表选项 4.5.2 【Excel 导学实验 12——图表应用】 　格式化图表——右击不同的图表对象,在快捷菜单选相应的格式命令可以 　修改 　➤ 图表区格式 　➤ 绘图区格式 　➤ 数据系列格式 　➤ 图表标题格式 　➤ 坐标轴标题格式 　➤ 坐标轴格式 　➤ 图例格式 　➤ 数据表格式	
拓展思考	思考: 　用 Excel 的图表能否做出一个动态的图形?
教学总结	➤ 常用图表的建立和编辑 ➤ 图表的格式化操作
作业	完成课堂上未做完的实验
预习	第 4 章　数据处理 　4.6　Excel 数据处理功能

4.2.5　第 19 次课——排序、筛选、分类汇总

第 19 次课教学安排如下。

讲次	第 19 次课	上课方式	带着学生做
教学环境	多媒体机房或教室	课时	2 学时
教学内容	实验要求及内容见教材第 4 章		

续表

教学目标	排序、筛选、分类汇总
教学重点	排序、筛选、分类汇总
教学难点	高级筛选的条件区域设置

第 19 次课使用的素材文件夹为"导学实验 17——Excel 排序、筛选、分类汇总（初级）（2 学时）"，其所含文件如图 4-5 所示。

图 4-5　第 19 次课使用的素材

第 19 次课教学过程如下。

教　学　过　程	授课体会
教学提示 课次：第 4 章　第 5/9 次课 提问： 　　（1）若想查看一类数据占整体数据的百分比，适合用什么类型的图表？ 　　（2）如何修改图表中坐标轴上文字的大小？ 继续第 4 章，教学内容提示： 　　排序学生易出的问题是常常选中一列数据，再选排序命令时，系统会有提示，须按提示正确完成。 　　学习自动筛选时，有的学生会问到高级筛选的问题，要讲清高级筛选条件的设置：①单列中三个条件及以上的"或"筛选条件区域建立；②多列"或"筛选条件区域的建立。 　　分类汇总要牢记：先分类，后汇总。	
授课内容 第 4 章　数据处理 　　4.6　Excel 数据处理功能 　　　　4.6.1　　13——排序 　　　　4.6.2　　14——筛选 　　　　4.6.3　　15——分类汇总	
实验内容 4.6.1　【Excel 导学实验 13——排序】 　　完成下面 4 个工作表中的实验任务 　　➢ 简单排序——单列数据 　　➢ 简单排序练习 　　➢ 简单排序——两列数据 　　➢ 组合排序练习 4.6.2　【Excel 导学实验 14——筛选】 　　完成下面 4 个工作表中的实验任务 　　➢ 自动筛选 　　➢ 高级筛选 1 　　➢ 高级筛选 2	

续表

教 学 过 程	授课体会
➢ 高级筛选 3 4.6.3 【Excel 导学实验 15——分类汇总】 　　完成下面 3 个工作表中的实验任务 　　➢ 电脑配件销售 　　➢ 报价单 　　➢ 分类汇总练习 操作要点： 　　简单排序 　　　➢ 选择排序列中的任一单元格 　　　➢ 单击升序或降序按钮 　　组合排序 　　　➢ 单击数据区域中任一单元格 　　　➢ 选择菜单【数据/排序】→选关键字 　　自动筛选 　　　➢ 单击数据区域中任一单元格 　　　➢ 【数据/筛选/自动筛选】 　　　➢ 点开要筛选字段名旁的▾ 　　　➢ 选定条件 列表框中选项的含义： (1) 在下拉列表框中选择任意一个数据，就显示与该数据相符的记录。 (2) 选择【前 10 个】则弹出【自动筛选前 10 个】对话框，用于筛选数据清单中最大或最小的记录。 (3) 全部，表示可以显示数据清单中的所有记录。 (4) 选【自定义】项，弹出【自定义自动筛选方式】对话框，在该对话框中用户可以自定义筛选的条件。 Microsoft Excel 用蓝色 ▾ 来指示筛选项。 筛选只是暂时隐藏不必显示的行。 　　高级筛选 　　　➢ 建立筛选条件区域 　　　➢ 单击数据区域中任一单元格 　　　➢ 选择菜单【数据/筛选/高级筛选】 　　　设置【高级筛选】对话框 　　分类汇总 　　在分类汇总之前，应对要分类的列进行排序 　　　➢ 单击数据区域中任一单元格 　　　➢ 选择菜单【数据/分类汇总】	
拓展实验： 4.6.1 【Excel 导学实验 13——排序】 　　对工作表"5——排序问题思考"中的问题找到解决的办法。	
➢ 排序——改变列表中行或列的次序 　　　　可按不同关键字依次排序 ➢ 筛选——隐藏不需要的行（不打印） 　　　　可自定义筛选条件 　　　　筛选出的记录可同时排序 ➢ 分类汇总——先排序，再汇总	

（左侧栏标签：实验内容 / 拓展思考 / 教学总结）

续表

教 学 过 程	授课体会
作业	完成"C:\《大学计算机应用基础》实验\导学实验 17——Excel 排序、筛选、分类汇总（初级）\排序筛选分类汇总作业"文件夹中名称与后两位学号一致的工作簿中的实验。	
预习	第 4 章　数据处理 　　4.6　Excel 数据处理功能	

4.2.6　第 20 次课——条件格式、数据透视表

第 20 次课教学安排如下。

讲次	第 20 次课	上课方式	带着学生做
教学环境	多媒体机房或教室	课时	2 学时
教学内容	实验要求及内容见教材第 4 章		
教学目标	条件格式、数据透视表		
教学重点	条件格式、数据透视表		
教学难点	合理添加透视表字段		

第 20 次课使用的素材文件夹为"导学实验 18——Excel 条件格式、数据透视表（中级）（2 学时）"，其所含文件如图 4-6 所示。

图 4-6　第 20 次课使用的素材

第 20 次课教学过程如下。

教 学 过 程	授课体会
教学提示	课次：第 4 章　第 6/9 次课 提问： 　　(1) 分类汇总前必须要做什么？ 　　(2) 在排序时,可否选中要排序的一列数据,然后单击按钮进行排序? 继续第 4 章,教学内容提示： 4.6.4　【Excel 导学实验 16——条件格式】实验中工作表 8～10 只让学生自行了解一下,开阔眼界即可。 4.6.5　【Excel 导学实验 17——课表数据透视表】只是初步了解了数据透视表的优势和设置,对于根据实际需要设置合适字段完成合适的透视表并作出合理分析,需要有一定的工作积累才行,故本实验只以学生最熟悉的课表作数据透视表。	

续表

教　学　过　程	授课体会
授课内容	第 4 章 　数据处理 　　4.6 Excel 数据处理功能 　　　　4.6.4 　16——条件格式 　　　　4.6.5 　17——课表数据透视表	
实 验 内 容	4.6.4 【Excel 导学实验 16——条件格式】 　　　学习了解工作表 3、4、5 的内容 　　　　　3——两个条件 　　　　　4——某范围内的列改变 　　　　　5——四个条件格式的实现 　　　浏览工作表 8、9、10 的内容 　　　　　8——前面的条件优先 　　　　　9——最多设置三个条件 　　　　　10——凹凸单元格 　　　完成工作表 1、2、6、7 的任务 　　　　　1——成绩单 　　　　　2——隔行填色 　　　　　6——查找有条件格式的单元格 　　　　　7——有规律的五个条件 4.6.5 【Excel 导学实验 17——课表数据透视表】 　　　创建数据透视表步骤 　　　　➢ 光标置于数据区域中 　　　　➢ 选择【数据/数据透视表和数据透视图】 　　　　➢ 根据向导设置 3 步 　　　　➢ 添加字段 　　　设置【数据透视表字段】对话框 　　　利用数据透视表向导以"原始课表"中的数据制作以下数据透视表 　　　　➢ 有关信息学院所有班级星期一 1、2 节课内容的数据透视表 　　　　➢ 各班级课表 　　　　➢ 了解某教室使用情况的数据透视表 　　　　➢ 了解某教师授课情况的数据透视表 　　　　➢ 了解某课程情况的数据透视表	
拓展 思考	思考： 　　什么情况下适合使用数据透视表来分析数据？	
教学 总结	➢ 条件格式的设置 ➢ 数据透视表的建立	
作业	完成课堂上未做完的实验	
预习	第 4 章 　数据处理 　　4.7 　Excel 链接、批注、名称、分列与图示 　　4.8 　Excel 工作簿的保护、数据有效性	

4.2.7　第 21 次课——批注、名称、工作表及工作簿的保护、数据有效性

第 21 次课教学安排如下。

讲次	第 21 次课	上课方式	带着学生做
教学环境	多媒体机房或教室	课时	2 学时
教学内容	实验要求及内容见教材第 4 章		
教学目标	链接、批注、名称、分列、图示 工作表及工作簿的保护 数据有效性		
教学重点	工作表及工作簿的保护、数据有效性		
教学难点	数据有效性设置		

第 21 次课使用的素材文件夹为"导学实验 19——Excel 批注、名称、工作表及工作簿的保护、数据有效性(中级)(2 学时)",其所含文件如图 4-7 所示。

图 4-7　第 21 次课使用的素材

第 21 次课教学过程如下。

教　学　过　程	授课 体会
教学提示 课次：第 4 章　第 7/9 次课 提问： 　(1) 如何将成绩小于 60 的单元格设置为黄色底纹、红色字？ 　(2) 如何创建数据透视表？ 继续第 4 章，教学内容提示： 　本次课练习一些常用的 Excel 功能，只要介绍清楚这些功能的应用特点及场合即可，对功能本身的设置学生都能很好掌握。	
授课内容 第 4 章　数据处理 　4.7　Excel 链接、批注、名称、分列与图示 　　4.7.1　18——链接、批注、名称、分列与图示 　4.8　Excel 工作簿的保护、数据有效性 　　4.8.1　19——工作表及工作簿的保护 　　4.8.2　20——数据有效性	

续表

教 学 过 程	授课体会
实验内容 4.7.1 【Excel 导学实验 18——链接、批注、名称、分列与图示】 完成各工作表中的任务 相关知识点 ➤ 链接：利用文字或对象，可在工作表之间链接，可快速定位 ➤ 批注：附加在单元格中的注释，可以起到提醒作用 ➤ 名称：单元格的默认名称为列标行号，也可自定义 ➤ 分列：将工作表中某一列数据分为多列 ➤ 图示：用于说明数据间的关系，使文档更加生动 4.8.1 【Excel 导学实验 19——工作表及工作簿的保护】 双击 2、4、6、8 工作表中任意单元格，查看效果后进行下面的实验。 对本工作簿中的 1、3、5、7 工作表进行保护设置。 4.8.2 【Excel 导学实验 20——数据有效性】 学习了解工作表 1、3、5 中数据有效性的内容。 完成工作表 2、4、6 中设置各种数据有效性的任务。	
拓展思考 思考： （1）只保护了工作表，就能防止别人修改工作表的内容吗？ （2）怎样才能最好地保护你的数据？	
教学总结 ➤ 链接、批注、名称、分列、图示 ➤ 工作表及工作簿的保护 ➤ 数据有效性	
作业 完成课堂上未做完的实验	
预习 【Excel 拓展实验 01——测试题（工作簿间单元格的引用）】 【Excel 拓展实验 02——Excel 打印专题】	

4.2.8 第 22 次课——工作簿间单元格引用、Excel 打印专题

第 22 次课教学安排如下。

讲次	第 22 次课	上课方式	带着学生做
教学环境	多媒体机房或教室	课时	2 学时
教学内容	实验要求及内容见教材第 4 章		
教学目标	Excel 工作簿间单元格引用、Excel 打印专题		
教学重点	工作表间单元格引用、工作簿间单元格引用		
教学难点	工作簿间单元格引用		

第 22 次课使用的素材文件夹为"导学实验 20——Excel 工作簿间单元格引用、打印专题（高级）（2 学时）"，其所含文件如图 4-8 所示。

 Excel拓展实验01——测试题(工作簿间单元格的引用) 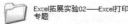 Excel拓展实验02——Excel打印专题  导学实验20——Excel工作簿间单元格引用、打印专题.pot Microsoft PowerPoint 模板

图 4-8 第 22 次课使用的素材

第 22 次课教学过程如下。

教学过程		授课体会
教学提示	课次：第 4 章　第 8/9 次课 提问： 　(1) 如何保护工作表数据？ 　(2) 如何保证用户在单元格中输入的数据大于 0？ 继续第 4 章，教学内容提示： 　在前面学习的基础上，学生会很快掌握工作表间单元格的引用和工作簿间单元格的引用。 　利用这种方式，不仅可以测试"对""错""是""否"等答案形式的题，还可测试答案为 A、B、C、D 等的选择题。 　可以将评阅工作簿加上密码，答题后收回，就可快速得到答题成绩。	
授课内容	➤【Excel 拓展实验 01——测试题（工作簿间单元格的引用）】 ➤【Excel 拓展实验 02——Excel 打印专题】	
实验内容	【Excel 拓展实验 01——测试题（工作簿间单元格的引用）】 　工作簿间单元格引用时，要求两个工作簿均打开。其引用格式为：[工作簿全称]工作表名称！单元格名称。 　具体方法为：输入"＝"后，单击找到另一工作簿中要引用的单元格。 【Excel 拓展实验 02——Excel 打印专题】 　➤　有选择性的打印所需内容 　➤　带有页眉页脚的打印 　➤　带行标题或列标题的打印 　➤　缩放打印 　➤　打印显示公式的工作表 　➤　设置工作表的打印顺序	
拓展思考	思考： 　Word 应用程序的打印都有哪些功能？	
教学总结	➤　工作表内单元格引用 ➤　工作表间单元格引用 ➤　工作簿间单元格引用	
作业	完成课堂上未做完的实验	
预习	【Excel 拓展实验 03——信息查询（VLOOKUP）】 【Excel 拓展实验 04——列表】 【Excel 拓展实验 05——借还物品数量自动统计】	

4.2.9　第 23 次课——VLOOKUP 函数、列表

第 23 次课教学安排如下。

讲次	第 23 次课	上课方式	带着学生做
教学环境	多媒体机房或教室	课时	2 学时
教学内容	实验要求及内容见教材第 4 章		

续表

教学目标	VLOOKUP 函数、ISNA 函数、SUBSTITUTE 函数的应用、列表的应用
教学重点	函数 VLOOKUP、列表
教学难点	VLOOKUP 参数的设置

第 23 次课使用的素材文件夹为"导学实验 21——Excel 查询函数 VLOOKUP、列表（高级）（2 学时）"，其所含文件如图 4-9 所示。

图 4-9　第 23 次课使用的素材

第 23 次课教学过程如下。

教 学 过 程	授课体会
教学提示 课次：第 4 章　第 9/9 次课 提示： 　（1）如何打印带有页眉页脚的工作表？ 　（2）能否在不同的工作簿之间引用单元格？如何引用？ 继续第 4 章，教学内容提示： 　VLOOKUP 函数非常有用，微软 MOS 认证会考 VLOOKUP 或 HLOOKUP 函数。 　列表功能非常实用，也是微软 MOS 认证必考的内容。	
授课内容 ➢【Excel 拓展实验 03——信息查询（VLOOKUP）】 ➢【Excel 拓展实验 04——列表】 ➢【Excel 拓展实验 05——借还物品数量自动统计】	
实验内容 【Excel 拓展实验 03——信息查询（VLOOKUP）】 　VLOOKUP 函数在表格的首列查找指定的数值，并由此返回表格当前行中指定列处的数值。 　按要求完成实验任务。 　学习工作表 1～6 中的内容，在工作表 7 中体会各公式的使用方法。 　查看工作表 8，利用工作表 9 提供的数据表，在工作表 10 中建立成绩查询系统。 【Excel 拓展实验 04——列表】 　在需要分析大的电子表格中的部分数据时，可以使用 Excel 列表，而且这样操作对周围任何数据都没有影响。例如，可以添加数据、对数据进行排序、筛选，而不影响周围的单元格。 　按要求完成实验任务。 　（1）阅读学习工作表 1 中的内容。 　（2）完成工作表 2 的任务，体会列表的创建方法和应用思路。 　（3）完成工作表 3 的任务，体会列表功能的优势。 【Excel 拓展实验 05——借还物品数量自动统计】 　按照要求完成实验任务。	

教　学　过　程	授课 体会
拓展 思考	思考： 　　为你的班级创建一个班费管理数据表，能够随时统计出班费开销情况。	
教学 总结	➢ VLOOKUP 函数 ➢ ISNA 函数 ➢ SUBSTITUTE 函数的应用 ➢ 列表	
作业	完成课堂上未做完的实验	
预习	第5章　图像处理 　　5.1　概述 　　5.2　基本知识 　　5.3　Photoshop 导学实验	

第 5 章　图　像　处　理

5.1　学时分配与知识要点

本章参考学时为 8 学时，不明显区分上机和上课，边讲边练。重点让学生对图像处理有个认识，学会用 Photoshop 对图片做常规或常用的处理，并学会一些处理技巧。本章具体学时分配情况如下表所示。

导学实验	主要知识点	学时分配	程度
Photoshop 01～03	制作证件照、网上报名照片	2	初级
Photoshop 04～05	光盘盘面制作、选取工具	2	初级
Photoshop 06～09	色彩色调调整、图层蒙版	2	中级
Photoshop 10～12	通道、动作和批处理	2	高级
总学时		8	

5.2　教　案　设　计

5.2.1　第 24 次课——Photoshop 操作、制作证件照

第 24 次课教学安排如下。

讲次	第 24 次课	上课方式	带着学生做
教学环境	多媒体机房或教室	课时	2 学时
教学内容	实验要求及内容见教材第 5 章		
教学目标	建立并强化图像处理的工作流程 掌握选区、图层、滤镜等概念及操作		
教学重点	选区、图层、抽出滤镜		
教学难点	图层、抽出滤镜		

第 24 次课使用的素材文件夹为"导学实验 22——Photoshop 制作证件照、网上报名照片（初级）（2 学时）"，其所含文件如图 5-1 所示。

图 5-1　第 24 次课使用的素材

第 24 次课教学过程如下。

教　学　过　程	授课 体会
<table><tr><td>教 学 提 示</td><td>课次：第 5 章　第 1/4 次课 提问： 　　（1）VLOOKUP 函数的几个参数的含义？ 　　（2）在什么条件下使用列表？ 开始第 5 章，教学内容提示： 　　本次课内容很实用，学生也很感兴趣，但多数学生未接触过，故教师带学生按实 验步骤进行即可。</td></tr></table>	

授 课 内 容	第 5 章　图像处理 　5.1　概述 　5.2　基本知识 　　　5.2.1　获取图像 　　　5.2.2　新建空白文件 　　　5.2.3　关于选区 　　　5.2.4　关于图层 　　　5.2.5　"历史记录"调板 　5.3　Photoshop 导学实验 　　　5.3.1　01——制作证件照（图层、抽出滤镜） 　　　5.3.2　02——在 5 寸相纸中制作 8 幅 1 寸证件照 　　　5.3.3　03——制作网上报名照片（降低分辨率、裁切）

实 验 内 容	5.3.1　【Photoshop 导学实验 01——制作证件照（图层、抽出滤镜）】 （1）对原始照片调整影调、色调，不修饰人物面部特征，如改变五官形状，去除脸部斑 　　 痕等，除去杂乱背景，增加不同颜色背景图层，添加相纸四周的空白边框。 （2）完成上述工作后，按需要的尺寸进行裁切。 （3）证件照要在照片的边缘加 0.2 厘米的白色边框。 （4）输出用于打印的 1 寸证件照。 主要思路及步骤： 　➢ 打开原始照片图像 　➢ 将原始照片中的人物与背景分离 　➢ 调整影调、色调 　➢ 添加若干图层，填充不同颜色作为背景 　➢ 按需要裁切图片 　➢ 扩展照片的边缘 　➢ 保存 psd 格式文件

教 学 过 程	授课 体会

实验内容

　　➢ 保存图片文件

操作步骤：

　　➢ 获取图像

　　➢ 选取图像

　　　　(1) 创建背景图层副本。

　　　　(2) 利用抽出滤镜选取人物头发图像。

　　　　(3) 利用抽出滤镜选取人物主体图像。

　　➢ 编辑图像

　　　　(1) 新建图层。

　　　　(2) 改变前景色及背景色。

　　　　(3) 填充图层。

　　　　(4) 调整图层顺序。

　　　　(5) 修整"头发"图层。

　　　　(6) 修整"人物"图层。

　　　　(7) 合并"头发"和"人物"图层。

　　　　(8) 度量及旋转图像。

　　　　(9) 裁剪图像。

　　➢ 图像效果处理

　　　　(1) 调整色阶。

　　　　(2) 修复图像。

　　　　(3) 加深图像。

　　➢ 存储图像

　　　　(1) 存储为 PSD 文件。

　　　　(2) 制作打印用的蓝底 7 寸照片。

　　　　(3) 制作打印用的红底 1 寸带边框证件照。

5.3.2 【Photoshop 导学实验 02——在 5 寸相纸中制作 8 幅 1 寸证件照(图案)】

解决思路：

　　(1) 新建一个白色背景、5 寸相纸大小的文件。

　　(2) 将红底带框 1 寸照片定义为 Photoshop 图案。

　　(3) 用"油漆桶工具"将图案填充到 5 寸相纸中并调整位置。

　　(4) 保存文件。

操作步骤：

　　➢ 新建图像文件

　　➢ 编辑图像

　　　　(1) 自定义图案。

　　　　(2) 填充图案。

　　　　(3) 删除多余图像。

　　　　选工具箱中【矩形选框工具】,框选出 8 张完整的照片区域,单击【选择】菜单,选【反向】命令,使选区反置,按【Delete】键,选区图像被擦除而呈现背景色。

　　　　(4) 图像阵列居中。

　　➢ 存储图像

5.3.3 【Photoshop 导学实验 03——制作网上报名照片(降低分辨率、裁切)】

　　网上报名照片要求：

　　(1) 照片：彩色正面近期免冠证件照。

	教　学　过　程	授课 体会
实 验 内 容	（2）成像要求：成像区上部空 1/10，头部占 7/10，肩部占 1/5，左右各空 1/10。 （3）成像区大小：48mm∗33mm（高∗宽）。 （4）图像大小：不小于 192∗144（高∗宽）。 （5）照片文件格式：JPG 格式。 （6）照片背景：浅蓝色。 （7）照片文件大小：大于 30KB，小于 80KB。 解决思路： （1）降低照片分辨率。 （2）按规定的尺寸裁剪照片。 （3）存储为压缩格式的图像文件。 操作步骤： ➢ 获取图像 ➢ 编辑图像 （1）改为浅蓝色背景。 （2）满足成像区大小和图像大小要求。 　◆ 设置裁剪工具宽度 33 毫米，高度 48 毫米，分辨率 150 像素/英寸（分辨 　　 率小于 100 像素/英寸时不能满足图像大小要求） 　◆ 裁切照片 （3）检验成像要求。	
拓 展 思 考	拓展实验： 　　在 5.3.1 实验后，请学生思考和实验： 　　制作校内头像。复制若干背景副本图层，依次使用《计算机基础实践导学教程》 中 p211 图 5-31 所列滤镜处理，得到不同效果（有关各种滤镜功能，参考随书光盘 "Photoshop 导学实验\Photoshop 基本知识. xls"之"Photoshop 滤镜"工作表，其应用 实例极广泛，可参考专门书籍或网络深入学习）。	
教 学 总 结	➢ 获取图像 ➢ 选取图像 ➢ 编辑图像 ➢ 图像效果处理 ➢ 存储图像	
作业	完成课堂上未做完的实验	
预习	第 5 章　图像处理 　5.2　基本知识 　5.3　Photoshop 导学实验	

5.2.2　第 25 次课——路径、文字、图层样式、选取工具

第 25 次课教学安排如下。

讲次	第 25 次课	上课方式	带着学生做
教学环境	多媒体机房或教室	课时	2 学时
教学内容	实验要求及内容见教材第 5 章		
教学目标	建立并强化图像处理的工作流程 掌握 Photoshop 软件的重要知识点及主要操作 光盘盘面制作、选取工具的使用		
教学重点	路径、文字、图层样式、选取工具		
教学难点	路径		

第 25 次课使用的素材文件夹为"导学实验 23——Photoshop 路径、文字、图层样式、选取工具（初级）（2 学时）"，其所含文件如图 5-2 所示。

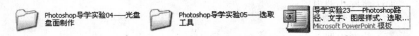

图 5-2   第 25 次课使用的素材

第 25 次课教学过程如下。

教　学　过　程	授课 体会
教学提示 课次：第 5 章　第 2/4 次课 提问： （1）为了保留 Photoshop 的图层，存盘时应该为什么格式？ （2）如何裁切指定大小的照片？ （3）抽出滤镜适合选取什么样式的图片？ 继续第 5 章，教学内容提示： 　　这部分内容学生很感兴趣，但多数学生未接触过，故教师带学生按实验步骤进行即可。	
授课内容 第 5 章　图像处理 　5.2　基本知识 　　　5.2.6　路径 　　　5.2.7　色彩、色调调整 　5.3　Photoshop 导学实验 　　　5.3.4　04——光盘盘面制作（路径、文字、图层样式） 　　　5.3.5　05——选取工具	
实验内容 5.3.4　【Photoshop 导学实验 04——光盘盘面制作（路径、文字、图层样式）】 　　制作具有立体效果的光盘盘面，并用风景照片作为光盘背景图案，其上书写文字。 解决思路： ➤　以光盘大小新建背景透明的图像文件 ➤　添加背景图片 ➤　制作圆形盘面 ➤　书写文字	

续表

<table>
<tr><th></th><th>教 学 过 程</th><th>授课体会</th></tr>
<tr><td>实
验
内
容</td><td>➢ 制作立体效果
➢ 保存文件
操作步骤：
➢ 新建图像
➢ 编辑图像
(1) 设置标尺、添加参考线。
(2) 添加盘面图像。
(3) 生成盘面外圆。
(4) 保存“外圆”路径。
(5) 删除外圆外的图像。
(6) 删除小圆内图像。
(7) 保存“小圆”路径。
(8) 绘制中圆。
(9) 中圆填充白色。
(10) 制作“编号”路径。
(11) 在“编号”路径上输入文字。
(12) 输入横排文字。
(13) 制作“标题”路径。
(14) 沿“标题”路径输入标题文字“Premiere Pro 2.0 实训教程”。
(15) 沿“标题”路径输入标题文字“清华大学出版社”。
(16) 翻转文字。
(17) 设置图层样式使盘面立体化。
(18) 合并可见图层。
➢ 存储图像
5.3.5 【Photoshop 导学实验 05——选取工具】
解决思路：
针对图像特点采用不同选取工具构造选区(也可几个工具联合使用)，可将选区内图像复制到新的图层或新的图像文件中。
(1) 用魔棒工具或魔术橡皮擦工具分离背景颜色较单一的照片。
(2) 用磁性套索工具分离与背景对比强烈且边缘复杂的图像。
(3) 用磁性套索工具与快速蒙版结合分离与背景对比不明显且边缘复杂的图像。
(4) 用钢笔路径对轮廓复杂的主体和背景进行抠图。
操作步骤：
➢ 获取图像
➢ 选取图像
(1) 对于“1——魔棒工具——不连续.jpg”图片。
(2) 对于“2——魔术橡皮擦工具.jpg”图片。
(3) 对于“3——磁性套索.jpg”图片。
(4) 对于“4——磁性套索＋快速蒙版.jpg”图片。
(5) 对于“5——钢笔绘制路径.jpg”图片。</td><td></td></tr>
</table>

续表

	教　学　过　程	授课 体会
拓展 思考	拓展实验： 　　在 5.3.1 实验后,请学生思考和实验： (1) 选择【油漆桶工具】,在工具参数栏中选【图案】,打开【图案模式】调板,单击右上 　　角的展开按钮⏵,在快捷菜单中选择【载入图案】,在【载入】对话框中选择本实 　　验文件夹中的"粉花、向日葵.pat"文件装载,观察【图案模式】调板中新出现的图 　　案 ✳✳✳✳✳✳✳ 。 (2) 尝试利用图层样式中的【图案叠加】选项添加图案。	
教学 总结	➢ 获取图像 ➢ 选取图像 ➢ 编辑图像 ➢ 存储图像	
作业	完成课堂上未做完的实验	
预习	第 5 章　图像处理 　　5.2　基本知识 　　5.3　Photoshop 导学实验	

5.2.3　第 26 次课——色彩、色调调整,图层蒙版、矢量蒙版

第 26 次课教学安排如下。

讲次	第 26 次课	上课方式	带着学生做
教学环境	多媒体机房或教室	课时	2 学时
教学内容	实验要求及内容见教材第 5 章		
教学目标	掌握色彩、色调调整的方法,掌握图层蒙版、矢量蒙版的使用,了解图层混合模 式,掌握调整图层/填充图层之图层蒙版的用法,了解通道功能		
教学重点	色彩、色调调整,图层蒙版、矢量蒙版的使用,通道		
教学难点	蒙版、通道		

　　第 26 次课使用的素材文件夹为"导学实验 24——Photoshop 色彩色调调整、图层蒙版、矢量蒙版(中级)(2 学时)",其所含文件如图 5-3 所示。

图 5-3　第 26 次课使用的素材

　　第 26 次课教学过程如下。

教 学 过 程	授课体会
教学提示 课次：第5章　第3/4次课 提问： 　　(1) 在 Photoshop 中选取图像有哪几种方法？ 　　(2) 如何使文字按照你设计好的形状排列？ 继续第5章，教学内容提示： 　　这部分内容学生很感兴趣，但多数学生未接触过，故教师带学生按实验步骤进行即可。	
授课内容 第5章　图像处理 　　5.2　基本知识 　　　　5.2.8　蒙版 　　　　5.2.10　图案 　　　　5.2.11　定义画笔预设 　　　　5.2.12　调整图层和填充图层 　　5.3　Photoshop 导学实验 　　　　5.3.6　06——色彩、色调调整 　　　　5.3.7　07——图层蒙版、矢量蒙版 　　　　5.3.8　08——蓝天白云（图层蒙版、图层混合模式） 　　　　5.3.9　09——逆光图像（调整图层/填充图层之图层蒙版、通道）	
实验内容 5.3.6　【Photoshop 导学实验 06——色彩、色调调整】 解决思路： 　　用 Photoshop 打开"饱和度不足.jpg"图片，建立多个副本，每个副本用不同的色彩、色调命令调整，比较各自特点及差异。 操作步骤： ➢ 获取图像 ➢ 图像效果处理 　　(1) 用【色阶】命令调整。 　　(2) 用【色相/饱和度】命令调整。 　　(3) 用【曲线】命令调整。 　　(4) 用【亮度/对比度】命令调整。 　　(5) 用【色彩平衡】命令调整。 　　(6) 用【通道混合器】命令调整。 　　(7) 用【曝光度】命令调整。 　　(8) 用【替换颜色】命令调整。 　　(9) 用【阴影/高光】命令调整。 　　(10) 用【照片滤镜】命令调整。 　　(11) 用【色调分离】命令调整。 　　(12) 用【阈值】命令调整。 5.3.7　【Photoshop 导学实验 07——图层蒙版、矢量蒙版】 解决思路： 　　(1) 为"背景"层添加一个"阈值"调整层，将其变为黑白效果的图像。 　　(2) 新建一个图层，置于最上层，填充某彩色，添加图层蒙版和矢量蒙版。 　　(3) 利用形状工具在矢量蒙版上生成蝴蝶形状的路径。 　　(4) 使用预设画笔在图层蒙版上添加不同透明度的斑点。	

教　学　过　程	授课体会
5.3.8 【Photoshop 导学实验 08——蓝天白云(图层蒙版、图层混合模式)】 解决思路: 　　在阴天图片的 PSD 文件中增加一层蓝天白云的图像(置于阴天图像图层之上),用图层蒙版遮罩住蓝天白云图像的下半部分,并更改图层混合模式为"正片叠底",合并两图层后调整色阶。 　　使用【横排文字蒙版工具】和【图层样式】结合形成浮雕字。 操作步骤: 　➤ 获取图像 　➤ 编辑图像 　➤ 图像效果处理 　(1) 添加图层蒙版。 　(2) 用【渐变工具】填充图层蒙版。 　(3) 改变图层混合模式。 　(4) 制作浮雕字。 　(5) 向下合并图层。 　(6) 调整色阶。 　➤ 存储 5.3.9 【Photoshop 导学实验 09——逆光图像(调整图层/填充图层之图层蒙版、通道)】 解决思路: 　　图像添加两个调整图层,一层将下半部图像调整到最佳状态,另一层将上半部图像调整到最佳状态,分别在两个调整图层的图层蒙版上遮罩住效果不好的半幅图像,使两个调整层中效果好的两个半幅图像露出来合成一幅佳作。 操作步骤: 　➤ 获取图像 　➤ 图像效果处理 　(1) 添加"曲线"调整图层将草原效果调整至最佳。 　(2) 添加"曲线"调整图层将天空效果调整至最佳。 　(3) 用【渐变工具】填充调整图层的图层蒙版,遮罩"曲线-草原"的上半部图像。 　(4) 用【渐变工具】填充调整图层的图层蒙版,遮罩"曲线-天空"的下半部图像。 　(5) 添加填充图层,改善色调。 　(6) 制作灰色图层蒙版减弱橙色。 　(7) 采用通道制作云朵选区。 　(8) 合并可见图层。 　➤ 存储	
拓展实验: 　　在 5.3.7 实验后,请同学们思考并实验,作出下图的效果。 	

（左侧竖排文字）实验内容　拓展思考

教　学　过　程		授课体会
教学总结	➢ 获取图像 ➢ 编辑图像 ➢ 图像效果处理 ➢ 存储图像	
作业	完成课堂上未做完的实验	
预习	第 5 章　图像处理 　5.2　基本知识 　5.3　Photoshop 导学实验	

5.2.4　第 27 次课——通道

第 27 次课教学安排如下。

讲次	第 27 次课	上课方式	带着学生做
教学环境	多媒体机房或教室	课时	2 学时
教学内容	实验要求及内容见教材第 5 章		
教学目标	用通道替换背景、分离通道、动作和批处理		
教学重点	通道、动作和批处理		
教学难点	通道、动作和批处理		

第 27 次课使用的素材文件夹为"导学实验 25——Photoshop 通道、动作和批处理（高级）（2 学时）"，其所含文件如图 5-4 所示。

图 5-4　第 27 次课使用的素材

第 27 次课教学过程如下。

教　学　过　程		授课体会
教学提示	课次：第 5 章　第 4/4 次课 提问： 　（1）图层蒙版和快速蒙版有区别吗？ 　（2）关于色调的调整，在哪个菜单下？ 继续第 5 章，教学内容提示： 　　这部分内容学生很感兴趣，但多数学生未接触过，故教师带学生按实验步骤进行即可。	

续表

<table>
<tr><td colspan="2">教 学 过 程</td><td>授课体会</td></tr>
<tr><td>授课内容</td><td>第 5 章 图像处理
5.2 基本知识
5.2.13 任务自动化
5.3 Photoshop 导学实验
5.3.10 10——用通道替换背景
5.3.11 11——消除文字图片中的水印(分离通道)
5.3.12 12——动作和批处理</td><td></td></tr>
<tr><td>实验内容</td><td>5.3.10 【Photoshop 导学实验 10——用通道替换背景】
解决思路:
用通道制作出窗户选区,在“背景副本”层中删除窗户选区的图像,添加漂亮的风景图层置于“背景副本”层下面。
操作步骤:
➢ 获取图像
➢ 图像特效处理
(1) 复制通道。
(2) 增大“红副本”通道的反差。
(3) 建立墙体选区,并涂黑。
(4) 利用【阈值】命令将图像分为黑白两色。
(5) 精细调整选区。
(6) 保存“窗户”选区。
(7) 删除“背景副本”图层中窗外图像。
(8) 添加新背景。
(9) 合并可见图层,利用【曲线】命令调整全图色调。
➢ 存储
5.3.11 【Photoshop 导学实验 11——消除文字图片中的水印(分离通道)】
解决思路:
制作反差较大通道的副本,对其作【曲线】调整,增大其明暗反差,只留黑白像素,去除灰像素,即可使水印消失。
操作步骤:
➢ 获取图像
➢ 图像特效处理
(1) 复制反差较大的通道。
(2) 在通道中作【曲线】调整。
(3) 分离通道。
➢ 存储 JPG 文件
5.3.12 【Photoshop 导学实验 12——动作和批处理】
改变某文件夹中所有图片尺寸为 720 * 576,分辨率为 300 像素/英寸。
解决思路:
对于一批照片,有可能存在相同的处理要求,可利用 Photoshop 中的【动作】和【批处理】的功能,一次性地对这一批照片进行处理。
操作步骤:
➢ 获取图像</td><td></td></tr>
</table>

教　学　过　程	授课 体会
实验内容 ➢ 录制动作 　（1）创建名为"720＊576"的动作。 　（2）记录裁切图像过程。 　（3）记录保存文件过程。 　（4）记录关闭当前图像文件。 　（5）停止记录。 ➢ 使用动作 ➢ 使用批处理命令	
拓展思考 拓展实验： （1）将"导学实验 25——Photoshop 通道、动作和批处理（高级）\Photoshop 导学实验 　　11——动作和批处理"文件夹下"西藏"及"西藏色阶后"文件夹复制到硬盘，创建 　　新动作记录调整"西藏"文件夹中某一图片的自动色阶，另存为并关闭文件的一 　　系列命令。使用批处理命令对"西藏"文件夹中的所有图片进行色阶处理并存于 　　"西藏色阶后"文件夹中。 （2）Photoshop 的图像处理器也可以转换和处理多个文件，如调整图像大小。与【批 　　处理】命令不同，使用图像处理器处理文件时不必先创建动作。但在图像处理器 　　中执行的操作具有局限，并不能代替【动作】所记录的很多命令。具体内容请查 　　阅 Photoshop 的帮助。	
教学总结 ➢ 获取图像 ➢ 图像效果处理 ➢ 任务自动化 ➢ 存储图像	
作业 完成课堂上未做完的实验	
预习 第 6 章　视频处理 　6.1　概述 　6.2　基本知识 　6.3　Premiere 导学实验	

第6章　视频处理

6.1　学时分配与知识要点

本章参考学时为 6 学时,不明显区分上机和上课,边讲边练。重点让学生对视频初步了解,并能够处理常规视频,并带有一定的特效。本章具体学时分配情况如下表所示。

导学实验	主要知识点	学时分配	程度
Premiere 01～03	素材导入、剪辑、输出	2	初级
Premiere 04～08	特效处理	2	初级
Premiere 09	综合应用	2	中级
总学时		6	

6.2　教案设计

6.2.1　第 28 次课——Premiere 操作、素材的导入/编辑

第 28 次课教学安排如下。

讲次	第 28 次课	上课方式	带着学生做
教学环境	多媒体机房或教室	课时	2 学时
教学内容	实验要求及内容见教材第 6 章		
教学目标	建立并强化视频处理的工作流程 掌握 Premiere 软件的重要知识点及主要操作 素材的导入、编辑、输出		
教学重点	素材的导入、编辑、输出 音频、视频剪辑 运动特效 视频特效 视频转场		
教学难点	音频、视频剪辑		

第 28 次课使用的素材文件夹为"导学实验 26——Premiere 素材的导入、剪辑、输出（初级）（2 学时）"，其所含文件如图 6-1 所示。

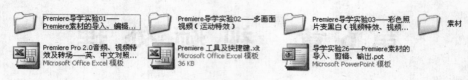

图 6-1　第 28 次课使用的素材

第 28 次课教学过程如下。

教　学　过　程	授课体会
教学提示 课次：第 6 章　第 1/3 次课 提问： 　　（1）利用通道做选区时，选择通道的原则是什么？ 　　（2）如何增大选中通道的反差？ 开始第 6 章，教学内容提示： 　　通过一系列实验，使学生建立并强化视频处理的工作流程。掌握 Premiere 软件的重要知识点及主要操作。 　　这部分内容学生很感兴趣，但多数学生未接触过，故教师带学生按实验步骤进行即可。	
授课内容 第 6 章　视频处理 　6.1　概述 　6.2　基本知识 　　　6.2.1　音频、视频剪辑 　6.3　Premiere 导学实验 　　　6.3.1　01——素材的导入、编辑、输出（音频特效、音频转场） 　　　6.3.2　02——多画面视频（运动特效） 　　　6.3.3　03——彩色照片变黑白（视频特效、视频转场）	
实验内容 6.2.1　音频、视频剪辑 　　音频、视频剪辑主要包括： 　➢ 素材的分割、清除与波形删除 　➢ 素材的剪切、复制、粘贴、移动 　➢ 调整素材的持续时间（包括：确定静止图像素材的长度、改变视频与音频素材的速率） 　➢ 入点与出点的设定及四点、三点剪辑 　➢ 素材的插入、覆盖、提升和析出剪辑 　➢ 在素材或时间标尺上进行标记 　➢ 音频与视频同步及解除同步 　➢ 设定工作区域 　　依照课件或教材步骤完成各验证实验。 6.3.1　【Premiere 导学实验 01——素材的导入、编辑、输出（音频特效、音频转场）】 　　实验步骤： 　➢ 新建项目 　➢ 导入素材	

续表

教 学 过 程		授课体会
实验内容	➢ 添加素材 ➢ 编辑素材 ➢ 预览编辑的节目 ➢ 输出影片 ➢ 保存项目 6.3.2 【Premiere 导学实验 02——多画面视频(运动特效)】 实验步骤: ➢ 新建项目、导入素材、添加素材 ➢ 编辑素材 (1) 设置视频运动特效(素材布局)。 (2) 将所有视频截为同长。 (3) 添加综合特效,改善视频色彩。 ➢ 设置 mpg 输出格式 ➢ 保存项目 6.3.3 【Premiere 导学实验 03——彩色照片变黑白(视频特效、视频转场)】 实验步骤: ➢ 图片预处理 ➢ 建立新项目,导入、添加图片素材 ➢ 编辑素材 (1) 修改系统“默认静帧图像持续时间”。 (2) 展开素材。 (3) 添加视频特效。 (4) 复制视频特效。 (5) 添加视频转场。 (6) 设置视频转场各参数。 (7) 观察转场效果。 ➢ 输出影片并保存项目	
拓展思考	拓展实验: 在 6.3.1 实验后,让学生思考并实验: (1) 视频片断首尾相接。 (2) 以不同形式输出,如影片、单帧图片、音频、mpg 格式视频(在 Adobe Media Encoder 中)。 在 6.3.2 实验后,让学生思考并实验: (1) 添加视频特效。 (2) 改变其先后顺序,观察效果。 (3) 倒放。 在 6.3.3 实验后,让学生思考并实验: (1) 选择时间线窗口中某一转场效果后,在特效控制窗口中勾选【反转】项,比较改变前后的效果。 (2) 选择时间线窗口中某一转场效果后,在特效控制窗口中选择【边框宽】和【边框色】,观察效果。	

续表

教学过程		授课 体会
教学 总结	➢ 新建项目 ➢ 导入、添加、编辑素材 ➢ 输出视频 ➢ 保存项目	
作业	完成课堂上未做完的实验	
预习	第6章　视频处理 　　6.2　基本知识 　　6.3　Premiere 导学实验	

6.2.2　第 29 次课——视频特效、制作字幕

第 29 次课教学安排如下。

讲次	第 29 次课	上课方式	带着学生做
教学环境	多媒体机房或教室	课时	2 学时
教学内容	实验要求及内容见教材第 6 章		
教学目标	视频特效、制作字幕		
教学重点	运动特效、视频特效、视频转场、制作字幕		
教学难点	视频特效、视频转场		

第 29 次课使用的素材文件夹为"导学实验 27——Premiere 特效处理（初级）（2 学时）"，其所含文件如图 6-2 所示。

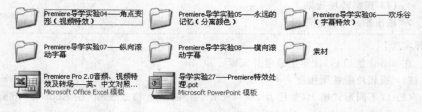

图 6-2　第 29 次课使用的素材

第 29 次课教学过程如下。

教学过程		授课 体会
教学 提示	课次：第6章　第2/3次课 提问： 　（1）通过哪个菜单或工具可以导入所需素材？ 　（2）如何将所有的视频截为相同的长度？	

教　学　过　程	授课体会
教学提示 继续第 6 章,教学内容提示: 　　通过一系列实验,使学生建立并强化视频处理的工作流程。掌握 Premiere 软件的重要知识点及主要操作。 　　这部分内容学生很感兴趣,但多数学生未接触过,故教师带学生按实验步骤进行即可。	
授课内容 第 6 章　视频处理 　　6.2　基本知识 　　　　6.2.2　视频的固定特效(运动特效、透明度特效) 　　　　6.2.3　音频特效、视频特效 　　　　6.2.4　音频转场 　　　　6.2.5　视频转场 　　　　6.2.6　字幕特效 　　6.3　Premiere 导学实验 　　　　6.3.4　04——角点变形(视频特效) 　　　　6.3.5　05——永远的记忆(分离颜色) 　　　　6.3.6　06——欢乐谷(字幕特效) 　　　　6.3.7　07——纵向滚动字幕 　　　　6.3.8　08——横向滚动字幕	
实验内容 6.3.4　【Premiere 导学实验 04——角点变形(视频特效)】 实验步骤: 　➢ 建立新项目,导入、添加视频和图片素材 　➢ 编辑素材 　(1) 调整图片素材与视频素材的持续时间一致。 　(2) 添加【角点变形】特效。 　　　单击特效窗口,选择【视频特效/Distort/Corner Pin(角点变形)】添加到时间线窗口中的视频素材上。 　　　单击特效控制窗口中【Corner Pin】或节目监视窗口中的视频画面。 　　　预览窗口中视频画面角点处出现 4 个靶标,用鼠标拖动到与图片中计算机屏幕角点重叠。 　　　单击【Play】按钮预览。 　➢ 输出影片并保存项目 6.3.5　【Premiere 导学实验 05——永远的记忆(分离颜色)】 实验步骤: 　➢ 建立 Premiere 新项目,导入、添加素材"永远的记忆.mpg" 　➢ 编辑素材 　(1) 展开素材。 　(2) 添加综合及去色特效。 　(3) 设置 ProcAmp 及 Leave Color 特效各参数。 　➢ 输出影片并保存项目 6.3.6　【Premiere 导学实验 06——欢乐谷(字幕特效)】 实验步骤: 　➢ 建立新项目 　➢ 编辑素材 　➢ 输出	

教 学 过 程	授课体会
实验内容 6.3.7 【Premiere 导学实验 07——纵向滚动字幕】 实验步骤： 　➢ 建立新项目 　➢ 编辑素材 　　(1) 缩减素材显示画面宽度。 　　(2) 制作纵向滚动字幕。 　　(3) 添加字幕。 　➢ 输出影片并保存项目 6.3.8 【Premiere 导学实验 08——横向滚动字幕】 实验步骤： 　➢ 建立 Premiere 新项目 　➢ 编辑素材 　　(1) 建立一个"Color Matte(颜色蒙版)"文件。 　　(2) 添加"Color Matte"文件。 　　(3) 制作横向滚动字幕。 　➢ 输出影片并保存项目	
拓展思考 拓展实验： 　在 6.3.4 实验后，让学生思考和实验 　　(1) 设置【关键帧】，改变其位置处视频透明度值。 　　(2) 为音量特效添加关键帧，调整音量分贝值，制作淡入淡出效果。 　在 6.3.5 实验后，让学生思考和实验。 　可将处理前后的两个视频文件合成一个新的视频，进行效果比较。 　在 6.3.6 实验后，让学生思考和实验。 　　(1) 请尝试在字幕文件中添加图片和绘制图形。 　　(2) 请尝试为字幕添加不同的视频转场和视频特效。 　在 6.3.7 实验后，让学生思考和实验。 　尝试修改【滚动/爬行选项】对话框，使本实验中的文字由上向下移动。 　在 6.3.8 实验后，让学生思考和实验。 　　(1) 可以试试在特效控制窗口中改变"Color Matte(颜色蒙版)"的透明度，观察视频效果，进一步体会颜色蒙版的意义。 　　(2) 让字幕中的图形或图片由左向右飞出屏幕。	
教学总结 Premiere 的一些高级操作 　➢ 字母特效 　➢ 视频特效 　➢ 音频特效 　➢ 视频转场	
作业　完成课堂上未做完的实验	
预习　第 6 章　视频处理 　　6.3 Premiere 导学实验	

6.2.3 第30次课——标记、特效、字幕之综合应用

第30次课教学安排如下。

讲次	第30次课	上课方式	带着学生做
教学环境	多媒体机房或教室	课时	2学时
教学内容	实验要求及内容见教材第6章		
教学目标	音画对位——标记、特效、字幕之综合应用		
教学重点	按音频内容对时间标尺进行无编号标记、视频特效、制作字幕		
教学难点	音画对位		

第30次课使用的素材文件夹为"导学实验28——Premiere标记、特效、字幕之综合应用(中级)(2学时)",其所含文件如图6-3所示。

图6-3 第30次课使用的素材

第30次课教学过程如下。

教 学 过 程	授课体会
教学提示 课次：第6章 第3/3次课 提问： 　(1)如何制作出横向滚动字幕？ 　(2)如何制作一个视频转场？ 继续第6章,教学内容提示： 　通过一系列实验,使学生建立并强化视频处理的工作流程。掌握Premiere软件的重要知识点及主要操作。 　这部分内容学生很感兴趣,但多数学生未接触过,故教师带学生按实验步骤进行即可。	
授课内容 第6章 视频处理 　6.3 Premiere导学实验 　　6.3.9 09——歌唱祖国	
实验内容 6.3.9 【Premiere导学实验09——歌唱祖国】 实验步骤： 　➢ 建立新项目 　➢ 编辑素材 　(1)按音频内容对时间标尺进行无编号标记。 　(2)调整各图片素材的持续时间。 　(3)制作歌词字幕。 　(4)添加歌词字幕。 　(5)为歌词字幕添加视频转场。 　(6)复制歌词字幕。 　(7)制作歌名字幕效果。 　➢ 输出影片并保存项目	

教　学　过　程	授课 体会
拓展 思考	在 6.3.9 实验后，让学生思考并实验 　　搜集、拍摄照片或视频，进行校歌或自己喜欢作品的二次创作。	
教学 总结	9 个 Premiere 导学实验，高度概括了视频处理的主要思路和工作流程，即：新建项目、导入素材、添加素材、编辑素材、输出影片、保存项目——六大部分。其中，编辑素材占的比重最大，它包括素材的剪辑，运动特效的修改，音频、视频特效的设置，音频、视频转场的设置以及字幕的制作。任何复杂的大制作均基于这几部分工作。	
作业	完成课堂上未做完的实验	
预习	第 7 章　数据库 　　7.1　数据库系统概述 　　7.2　Access 2003 导学实验	

第7章 数 据 库

7.1 学时分配与知识要点

本章参考学时为 8 学时,不明显区分上机和上课,边讲边练。重点为学生介绍数据库的基本概念和数据表的设计,并且设计简单的窗体。本章具体学时分配情况如下表所示。

导学实验	主要知识点	学时分配	程度
Access 01～08	学生成绩管理系统	8	中级
总学时		8	

7.2 教 案 设 计

7.2.1 第 31 次课——创建数据库、数据表设计

第 31 次课教学安排如下。

讲次	第 31 次课	上课方式	带着学生做
教学环境	多媒体机房或教室	课时	2 学时
教学内容	实验要求及内容见教材第 7 章		
教学目标	掌握数据库的基本知识及 Access 2003 的主要知识点及基本操作		
教学重点	创建数据库、数据表设计		
教学难点	数据库概念、数据表设计		

第 31 次课使用的素材文件夹为“导学实验 29——Access 学生成绩管理系统(8 学时)”,其所含文件如图 7-1 所示。

图 7-1　第 31 次课使用的素材

第 31 次课教学过程如下。

教　学　过　程	授课体会
教学提示 课次：第 7 章　第 1/4 次课 提问： 　　（1）Premiere 的工作流程大致是什么？ 　　（2）如何为视频设置专场效果？ 开始第 7 章，教学内容提示： 　　本章共通过 8 个导学实验建立一个学生信息管理系统，掌握数据库的基本知识及 Access 2003 的主要知识点及基本操作。本次课将通过 2 个实验导学建立起数据库中的数据表。	
授课内容 第 7 章　数据库 　7.1　数据库系统概述 　7.2　Access 2003 导学实验 　　　7.2.1　01——创建数据库 　　　7.2.2　02——数据表设计	
实验内容 相关知识点： 　➢ 数据库 　➢ 主键 7.2.1 【Access 导学实验 01——创建数据库】 7.2.2 【Access 导学实验 02——数据表设计】 主要过程： 　➢ 创建空 Access 数据库 　➢ 利用 Access 数据库向导创建一个 Access 数据库 　➢ 在设计视图中创建数据表	
拓展思考 思考： 　　（1）在数据库中，外来键有何作用？ 　　（2）在数据库表中，如果不设主键会有什么影响？	
教学总结 　➢ 数据库基本概念 　➢ 创建数据库 　➢ 数据库表设计	
作业 （1）数据处理经过了哪几个阶段？ （2）什么是数据库管理系统？列出几个常用的数据库管理系统。 （3）列出 Access 数据库所包含的基本对象。 （4）利用数据库向导，选用合适的数据库模板，建立一个库存管理的数据库。 （5）什么是主键？显示建立的库存管理数据库表的主键，改变主键。	
预习 第 7 章　数据库 　7.2　Access 2003 导学实验	

7.2.2　第 32 次课——设置数据表视图格式、表对象间的关联设定

第 32 次课教学安排如下。

讲次	第 32 次课	上课方式	带着学生做
教学环境	多媒体机房或教室	课时	2 学时
教学内容	实验要求及内容见教材第 7 章		
教学目标	设置数据表视图格式、表对象间的关联设定		
教学重点	表对象间的关联设定		
教学难点	表对象间的关联设定		

　　第 32 次课使用的素材文件夹仍为"导学实验 29——Access 学生成绩管理系统（8 学时）"，其所含文件如图 7-1 所示。

　　第 32 次课教学过程如下。

教　学　过　程		授课体会
教学提示	课次：第 7 章　第 2/4 次课 提问： 　　（1）数据库中什么是主键？ 　　（2）说出几个常用的数据库管理系统。 继续第 7 章，教学内容提示： 　　本次课将通过两个实验导学建立表之间的关联。	
授课内容	第 7 章　数据库 　　7.2　Access 2003 导学实验 　　　　7.2.3　03——设置数据表视图格式 　　　　7.2.4　04——表对象间的关联设定	
实验内容	相关知识点： 　　关联 　　数据表关联的目的 　　关联的类型 7.2.3　【Access 导学实验 03——设置数据表视图格式】 7.2.4　【Access 导学实验 04——表对象间的关联设定】 主要过程： ➢ 在设计视图中创建数据表 ➢ 在数据表视图中创建新的数据表对象 ➢ 从外部获取数据 ➢ 设置行高/列宽 ➢ 数据字体的设定 ➢ 数据表样式的设定 ➢ 建立学生成绩管理系统表间关系	
拓展思考	思考： 　　在表关联设定时，有什么原则？	
教学总结	➢ 数据库表的视图格式 ➢ 表对象间的关联	

续表

教 学 过 程		授课 体会
作业	（1）表间关系的种类有哪些？显示库存管理数据库表间关系。改变表间一对多和一对一之间的关系。 （2）利用已有数据表导入到数据库中。 （3）将数据库中的数据导出。	
预习	第7章　数据库 　　7.2　Access 2003 导学实验	

7.2.3　第33次课——对象设计、窗体对象设计

第33次课教学安排如下。

讲次	第33次课	上课方式	带着学生做
教学环境	多媒体机房或教室	课时	2学时
教学内容	实验要求及内容见教材第7章		
教学目标	对象设计、窗体对象设计		
教学重点	对象设计、窗体对象设计		
教学难点	窗体对象设计		

第33次课使用的素材文件夹仍为"导学实验29——Access 学生成绩管理系统（8学时）"，其所含文件如图7-1所示。

第33次课教学过程如下。

教 学 过 程		授课 体会
教 学 提 示	课次：第7章 第3/4次课 提问： 　　（1）哪个菜单项能将数据库中的数据导出？ 　　（2）表间关系的种类有哪些？ 继续第7章，教学内容提示： 　　本次课将通过两个实验导学建立查询系统。	
授 课 内 容	第7章　数据库 　　7.2　Access 2003 导学实验 　　　　7.2.5　05——查询对象设计 　　　　7.2.6　06——窗体对象设计	
实 验 内 容	〗相关知识点： 　➢ 查询 　　选择查询 　　参数查询 　　动作查询	

续表

教　学　过　程	授课体会
实验内容 交叉表查询 SQL 查询 ➤ 子窗体 7.2.5 【Access 导学实验 05——查询对象设计】 7.2.6 【Access 导学实验 06——窗体对象设计】 主要过程： ➤ 使用查询的设计视图创建查询 ➤ 创建补考学生查询 ➤ 创建英语成绩查询 ➤ 创建学生学号参数查询 ➤ 创建学生各科成绩交叉表查询 ➤ 利用窗体设计向导进行学生表窗体设计 ➤ 利用窗体设计向导进行子窗体设计	
拓展思考 思考： 用 SQL 语句如何实现复杂的查询？	
教学总结 ➤ 查询对象设计 ➤ 窗体对象设计	
作业 (1) 利用学生成绩管理系统建立查询，查询成绩大于 90 分的学生。 (2) 利用学生成绩管理系统建立学生姓名查询。 (3) 利用窗体向导、学生成绩管理系统中的数据源，建立窗体。 (4) 在设计视图中为窗体添加图片。 (5) 通过改变窗体各控件的属性改变窗体。	
预习 第 7 章　数据库 7.2　Access 2003 导学实验	

7.2.4　第 34 次课——报表设计、数据库安全设置

第 34 次课教学安排如下。

讲次	第 34 次课	上课方式	带着学生做
教学环境	多媒体机房或教室	课时	2 学时
教学内容	实验要求及内容见教材第 7 章		
教学目标	报表设计、数据库安全设置		
教学重点	报表设计		
教学难点	数据库安全设置		

第 34 次课使用的素材文件夹仍为"导学实验 29——Access 学生成绩管理系统(8 学时)"，其所含文件如图 7-1 所示。

第 34 次课教学过程如下。

教 学 过 程	授课 体会

教
学
提
示
	课次：第 7 章 第 4/4 次课
	提问：
	    （1）用 SQL 语句实现查询成绩大于 90 分的学生。
	    （2）用向导实现查询成绩大于 90 分的学生。
	继续第 7 章，教学内容提示：
	    本次通过两个实验导学设计报表和数据库的安全设置。

授课
内容
	第 7 章 数据库
	    7.2 Access 2003 导学实验
	        7.2.7 07——报表对象设计
	        7.2.8 08——数据库的安全操作

实
验
内
容
	相关知识点：
	    子报表
	7.2.7 【Access 导学实验 07——报表对象设计】
	7.2.8 【Access 导学实验 08——数据库的安全操作】
	主要过程：
	  ➤ 在窗体设计视图中设计学生表基本情况录入窗体
	  ➤ 使用报表向导设计不同类型的报表
	  ➤ 在设计视图进行学生成绩查询报表设计
	  ➤ 在学生报表中创建"成绩子报表"
	  ➤ 设置数据库密码
	  ➤ 删除数据的密码
	  ➤ 设置用户级安全机制
	  ➤ 设置账号

拓展 思考	拓展实验： 为你的数据库设置好 5 个帐号，并赋予不同的权限，其他同学则不能访问该数据库。
教学 总结	➤ 报表对象设计 ➤ 数据库安全设置
作业	（1）利用报表向导、学生成绩管理系统中的学生基本情况为数据源，创建学生标签 报表。 （2）在设计视图中修改学生标签报表的字体、颜色、添加时间。 （3）对你的数据库设置密码，设置管理员、用户账号，设置权限。
预习	第 8 章 设计与开发型实验和研究与创新型实验 8.1 设计与开发型实验

第 8 章　设计与开发型实验和研究与创新型实验

8.1　学时分配与知识要点

本章参考学时为 8 学时,不明显区分上机和上课,边讲边练。重点向学生介绍一些高级的且比较实用的设计方法。本章具体学时分配情况如下表所示。

导学实验	主要知识点	学时分配	程度
设计与开发型 01～02	邮件合并	2	中级
设计与开发型 03～05	共享工作簿、单人成绩输出、制作试卷	2	中级
研究与创新型 01～02	Excel 的高级应用	4	高级
	总学时	8	

8.2　教案设计

8.2.1　第 35 次课——设计与开发型实验——邮件合并

第 35 次课教学安排如下。

讲次	第 35 次课	上课方式	带着学生做
教学环境	多媒体机房或教室	课时	2 学时
教学内容	实验要求及内容见教材第 8 章		
教学目标	制作考试成绩通知单、制作带照片的胸卡		
教学重点	邮件合并		
教学难点	域的使用、合并文档与主文档		

第 35 次课使用的素材文件夹为"导学实验 30——设计与开发型实验——邮件合并(2 学时)",其所含文件如图 8-1 所示。

图 8-1　第 35 次课使用的素材

第 35 次课教学过程如下。

教　学　过　程	授课体会
教学提示 课次：第 8 章　第 1/4 次课 提问： 　　(1) 如何为你的数据库设置密码？ 　　(2) 如何为帐号设置权限？ 开始第 8 章，教学内容提示： 　　为使邮件合并内容更加完善，可增加信封合并的实验。2 学时完成 3 个实验时间合适。	
授课内容 第 8 章　设计与开发型实验和研究与创新型实验 　　8.1　设计与开发型实验 　　　　8.1.1　01——邮件合并（考试成绩通知单） 　　　　8.1.2　02——邮件合并（制作带照片的胸卡）	
实验内容 　　邮件合并的三个步骤：①建立主文档，②准备好数据源，③把数据源合并到主文档中。即两个准备（主文档和数据源）和一个操作（插入数据域并合并到新文档）。 8.1.1　【设计与开发型实验 01——邮件合并（考试成绩通知单）】 解决思路： 　　(1) 利用 Word 编辑空白"考试成绩通知单"——主文档（固定不变的文字等）。 　　(2) 利用 Excel 输入"成绩单"中的各字段信息——数据文档（各信函中不同的信息）。 　　(3) 利用 Word 中"邮件合并"功能，实现"主文档"和"数据文档"的合并，快速生成"一式多份"文档。 实验步骤： 　　➤ 编辑"主文档" 　　(1) 新建 Word 空白文档，输入主文档内容。 　　(2) 设置主文档中字符、段落格式。 　　(3) 保存主文档文件。 　　➤ 建立数据源 　　(1) 新建 Excel 文件，输入学生学号、姓名及各课程成绩（第一行必须是数据列标题）。 　　(2) 保存数据源文件。 　　➤ 合并文档 　　打开主文档，选择【工具/信函与邮件/邮件合并】，打开【邮件合并】任务窗格，分 6 步骤完成"邮件合并"操作。 8.1.2　【设计与开发型实验 02——邮件合并（制作带照片的胸卡）】 解决思路： 　　(1) 利用 Word 编辑空白"胸卡主文档. doc"。 　　(2) 利用 Excel 输入"胸卡数据源. xls"中的信息。	

续表

教　学　过　程	授课体会
实验内容 　　（3）利用 Word 中"邮件合并"功能，实现"主文档"和"数据文档"的合并，其中图片的合并要利用 Word 的 Includepicture 域。 　实验步骤： 　➢ 编辑"主文档" 　　（1）新建 Word 空白文档，输入主文档内容。 　　（2）设置主文档中字符和表格的格式。 　　（3）保存主文档文件(存放于照片文件夹中)。 　➢ 建立数据源 　　（1）新建 Excel 文件，输入学生记录。 　　（2）保存数据源文件(存放于照片文件夹中)。 　➢ 合并文档 　　打开主文档，选择【工具/信函与邮件/邮件合并】，打开【邮件合并】任务窗格，分 6 步骤完成"邮件合并"操作。	
拓展思考	拓展实验： 　【设计与开发型拓展导学——信封合并】 　　打开"C:\《大学计算机应用基础》实验\导学实验 30——设计与开发型实验—邮件合并(2 学时)\设计与开发型拓展导学——信封合并.doc"，学习并实验。
教学总结	➢ 邮件合并 ➢ 域的简单使用
作业	完成课堂上未做完的实验
预习	第 8 章　设计与开发型实验和研究与创新型实验 　8.1　设计与开发型实验

8.2.2　第 36 次课——设计与开发型实验——共享工作簿、单人成绩输出、制作试卷

第 36 次课教学安排如下。

讲次	第 36 次课	上课方式	带着学生做
教学环境	多媒体机房或教室	课时	2 学时
教学内容	实验要求及内容见教材第 8 章		
教学目标	制作"全国邮政编码查询"工作簿、制作单人成绩单、制作数学试卷答案		
教学重点	共享工作簿、名称、工作簿间工作表的复制、单元格式设置、选择性粘贴、分列功能的综合使用 选择性粘贴、Excel 页面设置、Excel 页眉/页脚设置 Word 页面设置、页眉页脚功能、Excel 图表功能		
教学难点	综合应用能力与解决问题思路		

第 36 次课使用的素材文件夹为"导学实验 31——设计与开发型实验—共享工作簿、

单人成绩输出、制作试卷(2 学时)",其所含文件如图 8-2 所示。

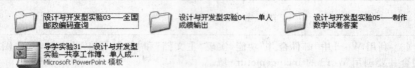

图 8-2　第 36 次课使用的素材

第 36 次课教学过程如下。

教　学　过　程	授课体会
教学提示	
课次：第 8 章　第 2/4 次课 提问： 　(1) 邮件合并通常用在什么情况下? 　(2) 域和普通文字一样吗? 继续第 8 章,教学内容提示: 8.1.3 【设计与开发型实验 03——全国邮政编码查询】,做共享工作簿时,一定先强调多人同时修改同一工作簿的工作过程,因学生以前从未有此概念或经验,以至保存时,很多学生不敢将自己的工作直接保存在教师机的共享工作簿中,而另存为别处,未能显现软件的强大功能。这个实验的目的之一也正是让学生知道有这样一种工作方式。 8.1.4 【设计与开发型实验 04——单人成绩输出】,这个实验涉及的 Excel"转置工作表"、"添加页眉页脚"、"设置页边距"、"打印预览"是学生工作中可能遇到但又不熟悉的内容,起到开阔思路的作用。 8.1.5 【设计与开发型实验 05——制作数学试卷答案】,综合应用了 Word 的表格、文本框、分栏、页眉页脚、公式、域以及 Excel 的图表功能。	
授课内容	
第 8 章　设计与开发型实验和研究与创新型实验 　8.1　设计与开发型实验 　　8.1.3　03——全国邮政编码查询 　　8.1.4　04——单人成绩输出 　　8.1.5　05——制作数学试卷答案	
实验内容	
8.1.3 【设计与开发型实验 03——全国邮政编码查询】 解决思路: 　新建一个 Excel 文件,设置为"共享工作簿",并将该工作簿保存在其他用户可以访问到的网络位置上(如教师机)。每个学生通过【网上邻居】,打开共享工作簿,插入新工作表,完成各自工作表中的编辑工作,并保存。 实验步骤: ➤ 建立共享工作簿(已完成) (1) 新建 Excel 文件。 (2) 保留一张工作表(Sheet1),并改名为"封面",完成当前工作表的编辑,并删除多余的工作表。 (3) 选择【工具/共享工作簿】,打开【共享工作簿】对话框。选中【允许多用户同时编辑,同时允许工作簿合并】复选框,并确认"正在使用本工作簿的用户"为一人独占。 (4) 将文件保存至本机的共享文件夹中,以便网络中的其他用户访问。	

教　学　过　程	授课 体会
<ul><li>分工编辑共享工作簿中的工作表</li></ul>（1）通过【网上邻居】打开共享工作簿。 （2）鼠标右键单击工作表标签，选择快捷菜单中【插入】命令。 （3）单击工作表中的【全选】按钮，将所有单元格的"数字"格式设置为：文本。 （4）打开相应的 Word 文档。 （5）选择【数据/分列】，将原本处于同一列的地名和邮编分成两列（注意：要分开之列后预留空列），并在地名前一列加上地区名，调整表格的布局及行高列宽。 （6）分别选中每个地区地名和邮编所在的单元格区域，选择【插入/名称/定义】，定义选中的单元格区域的名称为地区名，例如，将北京地区的地名和邮编选中，定义该单元格区域的名称为"北京"（注：先选"北京"单元格，再拖动选中单元格区域，系统自动默认"北京"为该单元格区域的名称，省去输入之麻烦）。 （7）保存 Excel 文件。 **8.1.4　【设计与开发型实验 04——单人成绩输出】** 解决思路： （1）利用 Excel 工作表的转置功能，可以将原表中的记录由原来的"按行"排列转为"按列"排列。 （2）利用 Excel 工作表的左端标题列和页边距调整功能便可实现将每个学生成绩的单页连续打印。 实验步骤： <ul><li>转置工作表</li><li>添加页眉页脚</li><li>设置页边距</li><li>打印预览</li></ul>**8.1.5　【设计与开发型实验 05——制作数学试卷答案】** 解决思路： （1）纸张横置（宽度为 36.4 厘米；高度为 25.7 厘米）。 （2）分两栏设置考试题目。 （3）标题——"数学试卷标准答案"用"标题 1"修饰，文字字号为四号、宋体，加粗。其他文字字体、字号自定。题目用项目编号"一、二、三、……"修饰。 （4）利用 Office 公式编辑器书写复杂公式。 （5）函数图由 Excel 图表生成后复制到 Word 文档中。 （6）页眉由"关键字"域（先将 Word 文档的"关键字"属性设为"数学试卷标准答案"）和"当前日期"域组成。 （7）左侧文本框亦为页眉。 （8）页脚插入"自动图文集"中的"第 X 页　共 Y 页"。 实验步骤： <ul><li>页面设置</li><li>分栏</li><li>保存文档</li><li>修改属性</li><li>添加页眉和页脚</li><li>文字录入</li><li>编辑公式</li><li>制作 Excel 图表</li><li>粘贴数据图表</li></ul>	

实
验
内
容

续表

	教 学 过 程	授课 体会
拓展 思考	拓展实验： 　　请为你的班级设计一个成绩查询系统	
教学 总结	➤ 制作"全国邮政编码查询"工作簿 ➤ 制作单人成绩单 ➤ 制作数学试卷答案 ➤ 综合应用能力与解决问题思路	
作业	完成课堂上未做完的实验	
预习	第 8 章　设计与开发型实验和研究与创新型实验 　　8.2　研究与创新型实验	

8.2.3　第 37 次课——研究与创新型实验——飞行时间统计

第 37 次课教学安排如下。

讲次	第 37 次课	上课方式	带着学生做
教学环境	多媒体机房或教室	课时	2 学时
教学内容	实验要求及内容见教材第 8 章		
教学目标	飞行时间统计		
教学重点	设计工作表的结构、函数应用		
教学难点	综合应用能力与解决问题思路		

第 37 次课使用的素材文件夹为"导学实验 32——研究与创新型实验—飞行时间统计（2 学时）"，其所含文件如图 8-3 所示。

 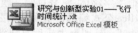

图 8-3　第 37 次课使用的素材

第 37 次课教学过程如下。

	教 学 过 程	授课 体会
教 学 提 示	课次：第 8 章　第 3/4 次课 提问： 　　（1）在 Excel 中，如何将表头在每页纸张上都打印？ 　　（2）在 Excel 中，如何实现查询？ 继续第 8 章，教学内容提示： 　　这是一个来源于实际工作的实验，解决这个问题要求学生具备几方面能力： ①根据工作要求构造工作表的结构；②熟练掌握 Excel 函数及函数的嵌套；③熟练使用成组工作表。	

续表

教　学　过　程		授课 体会
授课 内容	第 8 章　设计与开发型实验和研究与创新型实验 　　8.2　研究与创新型实验 　　　　8.2.1　01——飞行时间统计	
实 验 内 容	8.2.1　【研究与创新型实验01——飞行时间统计】 　　解决思路与操作提示： （1）按要求内容设计工作表的结构。 （2）将累计的"分钟"数除以 60 取整得到整数小时数，将累计的"分钟"数对 60 取余， 　　得到不足 1 小时的分钟数。 （3）隐藏中间计算单元格。 （4）设置所有输入"左座""右座"时间单元格的数据有效性为 0 至 59 整数。 （5）保护除所有输入"左座""右座"时间单元格外的其他单元格。	
拓展 思考	拓展实验： 　　让用户在指定的单元格中输入身份号，要求必须是 18 位，判断出该用户现在的 年龄，以及其所在的省份。	
教学 总结	➢ 根据实际创建表结构 ➢ Excel 高级函数	
作业	完成课堂上未做完的实验	
预习	第 8 章　设计与开发型实验和研究与创新型实验 　　8.2　研究与创新型实验	

8.2.4　第 38 次课——研究与创新型实验——自动显示空教室

第 38 次课教学安排如下。

讲次	第 38 次课	上课方式	带着学生做
教学环境	多媒体机房或教室	课时	2 学时
教学内容	实验要求及内容见教材第 8 章		
教学目标	自动显示空教室		
教学重点	设计工作表的结构，应用函数（VLOOKUP 函数、嵌套使用 IF 函数和 ISNA 函数、保护工作表）		
教学难点	综合应用能力与解决问题思路		

第 38 次课使用的素材文件夹为"导学实验 33——研究与创新型实验—自动显示空教室（2 学时）"，其所含文件如图 8-4 所示。

图 8-4　第 38 次课使用的素材

第 38 次课教学过程如下。

	教　学　过　程	授课体会
教学提示	课次：第 8 章　第 4/4 次课 提问： 　　(1) 如何实现在 Excel 中控制用户的输入只能是 0～100 之间的数字？ 　　(2) 在 Excel 中，如何提取一个字符串中的中间 8 个字符？ 继续第 8 章，教学内容提示： 　　这是一个来源于实际工作的实验，解决这个问题要求学生具备两方面能力： ①根据工作要求构造工作表的结构；②熟练掌握 Excel 函数及函数的嵌套。	
授课内容	第 8 章　设计与开发型实验和研究与创新型实验 　　8.2　研究与创新型实验 　　　　8.2.2　02——自动显示空教室	
实验内容	8.2.2　【研究与创新型实验 02——自动显示空教室】 解决思路与操作提示： 　　(1) 修改原始课表，增加 D 列～J 列 7 个字段。 　　(2) 在"粘贴某节次数据"列中粘贴想要加课的星期和节次。 　　(3) 利用 VLOOKUP 函数，判断 B 列的教室是否用过，并将结果存放于 E 列。 　　(4) 嵌套使用 IF 函数和 ISNA 函数，将 E 列中使用过的教室号存入 F 列，未用过的教室号存放于 G 列。 　　(5) 在 H 列中依次判断 G 列中的教室号若满足既是"多媒体"又是空教室，则将该教室号存放于 H 列。 　　(6) 在 I 列中依次判断 G 列中的教室号，若满足既是"机房"又是空教室，则将该教室号存放于 I 列。 　　(7) 将既不是"多媒体"又不是"机房"的空教室号存放于 J 列。 　　(8) 保护工作表。	
拓展思考	拓展实验： 　　利用原始课表，能否查询出某个老师的所有课程？	
教学总结	➢ 熟练表结构的设计 ➢ Excel 高级函数的使用	
作业	完成课堂上未做完的实验	
预习	计算机基础知识	

第9章　计算机基础及网络基础

9.1　学时分配与知识要点

本章主要内容为计算机基础知识和计算机网络基本知识。随着计算机软、硬件的飞速发展,这部分内容不断更新、变化,为保证课堂与知识更新趋于同步,教材中没有写入这部分内容,教学中可以通过网络搜索直击此部分内容的最前沿,也可参考相关书籍。

本章参考学时为 12 学时,不明显区分上机和上课,边讲边练。本章具体学时分配情况如下表所示。

导学实验	主要知识点	学时分配	程度
计算机基础 34	计算机概述、组成、软/硬件	2	初级
计算机基础 35	计算机病毒	2	初级
计算机基础 36	数值转换、数据表示和存储	2	中级
计算机基础 37	码制	2	中级
网络基础 38	网络基础知识	2	初级
软件安装 39	软件安装	2	初级
总学时		12	

9.2　教案设计

9.2.1　第 39 次课——计算机基础知识

第 39 次课教学安排如下。

讲次	第 39 次课	上课方式	带着学生做
教学环境	多媒体机房或教室	课时	2 学时
教学内容	根据计算机基础知识发展情况进行调整		

续表

教学目标	了解计算机的发展、特点及应用;理解计算机系统基本组成;理解计算机软件的分类;知道计算机的硬件性能指标;理解计算机病毒的定义和结构
教学重点	计算机系统组成、计算机硬件系统的基本结构、微型计算机中的硬件、系统软件、硬件和软件的关系、计算机病毒的特性
教学难点	计算机硬件系统的基本结构、系统软件、计算机病毒的结构

第 39 次课使用的素材文件夹为"导学实验 34——计算机系统的组成(初级)(2 学时)",其所含文件如图 9-1 所示。

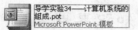 

图 9-1 第 39 次课使用的素材

第 39 次课教学过程如下。

教 学 过 程		授课体会

教学提示	课次:计算机基础知识第 1/3 次课
	提问:
	    (1) VLOOKUP 函数的参数的含义?
	    (2) IF 函数的参数的含义?
	教学内容提示:
	    在学生自己完成"网络浏览下载题目.doc"的基础上,帮学生系统总结、梳理。	

授课内容	➢ 计算机概述 ➢ 计算机硬件基础知识 ➢ 计算机软件基础知识	
实验内容	本次课以"C:\《大学计算机应用基础》实验\导学实验 34——计算机系统的组成(初级)"文件夹中的"基础知识.doc""软硬件.doc"文件为主线,让学生用格式刷将正确答案改为蓝色,学生答题时或答题后教师根据问题讲解下面内容。注:可教学生按下"隐藏标记"按钮 ，查看各题自带的隐藏答案。 (一)计算机概述 　　1)什么是计算机 　　2)计算机的发展 　　3)计算机的特点 　　4)计算机的分类 　　5)计算机的应用 (二)计算机系统组成 　　1)用户与硬件/软件之间的关系 　　2)计算机系统组成 (三)计算机硬件基础知识 　　1)计算机硬件系统的概念 　　2)冯·诺依曼型计算机硬件组成的 5 大部分 　　3)CPU 　　4)存储器	

续表

教 学 过 程		授课体会
实验内容	5）总线和输入/输出接口 6）输入/输出设备 7）计算机硬件性能指标 （四）计算机软件基础知识 1）软件的主要作用 2）软件的分类：系统软件与应用软件 3）系统软件 4）应用软件	
拓展思考	思考： （1）当前 CPU 的生产商有哪几家？中国生产的 CPU 的型号是什么？ （2）回家调查一下，当前最先进的 CPU 的主频是多少？	
教学总结	➢ 计算机系统由硬件和软件两部分组成 ➢ 计算机硬件系统由 5 个基本部分组成：运算器、控制器、存储器、输入设备和输出设备 ➢ 微型计算机中的硬件由主机箱（一般包括主板、CPU、内存、显示卡、硬盘、软驱、光驱、电源）和显示器、键盘、鼠标、音箱等组成 ➢ 计算机系统的软件分为系统软件和应用软件两种 ➢ 系统软件包括操作系统、语言编译程序、系统支撑和服务程序、数据库管理系统，操作系统是所有软件的核心	
作业	完成课堂上未做完的实验	
预习	计算机病毒	

9.2.2 第 40 次课——计算机病毒

第 40 次课教学安排如下。

讲次	第 40 次课	上课方式	带着学生做
教学环境	多媒体机房或教室	课时	2 学时
教学内容	根据计算机病毒发展情况进行调整		
教学目标	病毒的定义、计算机病毒的表现形式、计算机病毒的分类、计算机病毒的特点、计算机病毒的防治		
教学重点	计算机病毒的特点、计算机病毒的防治		
教学难点	计算机病毒的防治		

第 40 次课使用的素材文件夹为"导学实验 35——计算机病毒相关知识（初级）（2 学时）"，其所含文件如图 9-2 所示。

图 9-2 第 40 次课使用的素材

第 40 次课教学过程如下。

	教 学 过 程	授课 体会
教 学 提 示	课次：计算机基础知识　第 2/3 次课 提问： 　　(1) 计算机软件的作用是什么？ 　　(2) 冯·诺依曼对计算机的最大贡献是什么？ 教学内容提示： 　　在学生自己完成"网络浏览下载题目.doc"的基础上，帮学生系统总结、梳理。	
授 课 内 容	➢ 病毒的定义 ➢ 计算机病毒的表现形式 ➢ 计算机病毒的分类 ➢ 计算机病毒的特点 ➢ 计算机病毒的防治	
实 验 内 容	本次课以"C:\《大学计算机应用基础》实验\导学实验 35——计算机病毒相关知识(初级)"文件夹中的"病毒.doc"文件为主线，让学生用格式刷将正确答案改为蓝色，学生答题时或答题后教师根据问题讲解下面内容。注：可教学生按下"隐藏标记"按钮 ⚡，查看各题自带的隐藏答案。 （一）病毒的定义 　　中华人民共和国计算机信息系统安全保护条例对计算机病毒的定义是："编制或者在计算机程序中插入的破坏计算机功能或者毁坏数据、影响计算机使用、并能自我复制的一组计算机指令或者程序代码。" （二）计算机病毒的表现形式 　　增加或减少文件长度 　　使系统运行异常 　　改变磁盘分配 　　使磁盘的存储不正常 　　减少可用内存空间 （三）计算机病毒的分类 　　引导区型 　　文件型 　　混合型 　　宏病毒 （四）计算机病毒的特点 　　可执行性 　　破坏性 　　传染性 　　潜伏性 　　可触发性 　　针对性 　　衍生性 　　抗反病毒软件性 （五）计算机病毒的防治 　　1) 人工处理的方法 　　　　用正常的文件覆盖被病毒感染的文件；删除被病毒感染的文件；重新格式化磁盘(但这种方法有一定的危险性，容易造成对文件的破坏)。 　　2) 用反病毒软件对病毒进行清除 　　　　常用的反病毒软件有 KV3000、瑞星等。这些反病毒软件操作简单、提示丰富、行之有效。	

续表

教　学　过　程	授课体会
拓展思考	思考： 　　（1）你家的计算机中过什么病毒？你是如何处理的？ 　　（2）调查一下，目前比较有效的杀毒软件是哪几个？	
教学总结	➤ 病毒的定义 ➤ 计算机病毒的表现形式 ➤ 计算机病毒的分类 ➤ 计算机病毒的特点 ➤ 计算机病毒的防治	
作业	完成课堂上未做完的实验	
预习	计算机进制和存储	

9.2.3　第41次课——计算机中的信息表示及存储、数制

第41次课教学安排如下。

讲次	第41次课	上课方式	带着学生做
教学环境	多媒体机房或教室	课时	2学时
教学内容	根据所教专业需要程度进行调整		
教学目标	计算机中的信息表示及存储（进制、不同进制间的转换、常见的信息编码）		
教学重点	计算机中的信息表示方法和存储方式、数制的概念及其相互之间的转换		
教学难点	不同进制数之间的相互转换		

第41次课使用的素材文件夹为"导学实验36——信息表示、存储及进制转换（初级）（2学时）"，其所含文件如图9-3所示。

 病毒.dot
Microsoft Word 模板
14 KB

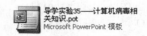 导学实验35——计算机病毒相
关知识.pot
Microsoft PowerPoint 模板

图 9-3　第41次课使用的素材

第41次课教学过程如下。

教　学　过　程	授课体会
教学提示	课次：计算机基础知识　第3/3次课 提问： 　　（1）病毒有哪些主要特征？ 　　（2）计算机的主要功能是处理各种信息，如数值计算、文字处理、声音、图形和图像等，这些信息怎样才能在计算机中存储、处理和传输？ 教学内容提示： 　　使学生了解计算机的存储方式，形成初步的计算机思维，为学生后续专业课做好准备。	

教　学　过　程	授课 体会
授课 内容	➤ 数制的概念及其相互之间的转换 ➤ 计算机中数据的表示方法和存储方式	
实 验 内 容 ·	计算机中,一般用 0 和 1 的各种不同组合的编码表示数字、字母、汉字及其他符号和控制信息,即指令和数据均以二进制代码形式出现。这种由编码 0、1 组成的数字化信息编码,称为二进制编码。 　　计算机是信息处理的工具,任何信息必须转换成二进制形式数据后才能由计算机进行处理、存储和传输。 　　采用二进制的优点:电路简单、工作可靠、简化运算、逻辑性强。 （一）数制的特点 　　不论哪一种数制,它们都有共同的计数和运算规律。其共同的规律和特点如下: 　　1）逢 R 进一 　　　R 是指数制中所需要的数码的总个数,称为基数。如十进制的基数是 10,逢 10 进 1;二进制的基数是 2,逢 2 进 1。 　　2）位权表示法 　　　位权指在某种进位计数制中,每个数位上的数码所代表的数值的大小,等于在这个数位上的数码乘上一个固定的数值,这个固定的数值就是这种进位计数制中该数位上的位权。 　　　数码所处的位置不同,代表数的大小也不同。例如在十进位计数制中,小数点左边第一位为个位数,其位权为 10^0,第二位为十位数,其位权为 10^1,第三位是百位数,其位权为 10^2……;小数点右边第一位是十分位数,其位权为 10^{-1},第二位是百分位数,其位权为 10^{-2},第三位是千分位数,其位权为 10^{-3}……。 （二）常用的各种进制及表示 　　十进制（Decimal notation） 　　二进制（Binary notation） 　　八进制（Octal notation） 　　十六进制（Hexdecimal notation） 　　不同进制数的表示方法 　　　（100111）B　　　　　（100111）$_2$ 　　　（271）O　　　　　　（271）$_8$ 　　　（780）D　　　　　　（780）$_{10}$ 　　　（1289ABC）H　　　（1289ABC）$_{16}$ 　　十进制 　　　有十个数码:0,1,2,3,4,5,6,7,8,9。 　　　逢十进一,借一当十。 　　对任意一个 n 位整数的十进制数 D,按权展开表示为: 　　　$D=D_{n-1}*10^{n-1}+D_{n-2}*10^{n-2}+\cdots+D_0*10^0$ 　　例:$6571=6*10^3+5*10^2+7*10^1+1*10^0$。 　　二进制 　　　只有两个数码:0,1。 　　　逢二进一,借一当二。 　　对任意一个 n 位整数的二进制数 B,按权展开表示为: 　　　$B=B_{n-1}*2^{n-1}+B_{n-2}*2^{n-2}+\cdots+B_0*2^0$	

续表

教　学　过　程	授课体会

<table>
<tr><td rowspan="3">实
验
内
容</td><td>

例：$(1101)_2 = 1 * 2^3 + 1 * 2^2 + 0 * 2^1 + 1 * 2^0 = (13)_{10}$。

提问：10011011　　　10002101 哪个是二进制数？

二进制数的运算规则

　　加：$0+0=0; 0+1=1; 1+0=1; 1+1=10$。

　　减：$0-0=0; 10-1=1; 1-0=1; 1-1=0$。

　　乘：$0×0=0; 0×1=0; 1×0=0; 1×1=1$。

　　除：$0÷1=0; 1÷1=1$。

八进制

　　有八个数码：0,1,2,3,4,5,6,7。

　　逢八进一,借一当八。

对任意一个 n 位的八进制整数 Q,按权展开表示为：

　　$Q = Q_{n-1} * 8^{n-1} + Q_{n-2} * 8^{n-2} + \cdots + Q_0 * 8^0$

例：$(123)_8 = 1 * 8^2 + 2 * 8^1 + 3 * 8^0 = (83)_{10}$。

提问：317265　　　176283　　　哪个是八进制数？

十六进制

　　有十六个数码：0,1,2,3,4,5,6,7,8,9,A,B,C,D,E,F。

　　逢十六进一,借一当十六。

对任意一个 n 位的十六进制整数 $H(H_{n-1} H_{n-2} \cdots H_0)$,按权展开表示为：

　　$H = H_{n-1} * 16^{n-1} + H_{n-2} * 16^{n-2} + \cdots + H_0 * 16^0$

例：$(3C4)_{16} = 3 * 16^2 + 12 * 16^1 + 4 * 16^0 = (964)_{10}$。

提问：354AE2F9　　　18G25C43　　　哪个是十六进制数？

练习：

　　1) $(10110011)_2 - (10011010)_2 = (11001)_2$

　　2) $(627)_8 + (215)_8 = (1044)_8$

　　3) $(720)_8 - (245)_8 = (453)_8$

　　4) $(1AD)_{16} + (FF)_{16} = (2AC)_{16}$

（三）不同进制之间的转换

（1）r 进制整数转化成十进制整数

　　$a_n \cdots a_1 a_0 = a_n * r^n + \cdots + a_1 * r^1 + a_0 * r^0$。

（2）十进制整数转化成 r 进制整数

　　除以 r 取余数,直到商为 0,先余为低,后余为高。

二进制数与十进制数相互转换

　　1) 二进制数转换成十进制数

　　　　按权展开,权值相加。

　　　　例：$(101010)_2 = 1 * 2^5 + 0 * 2^4 + 1 * 2^3 + 0 * 2^2 + 1 * 2^1 + 0 * 2^0 = (41)_{10}$。

　　2) 十进制整数转换成二进制数

　　　　除 2 取余,商 0 为止,先余为低,后余为高。

　　　　例：

　　　　$(29)_{10} = (11101)_2$

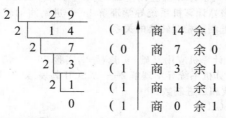

</td><td></td></tr>
</table>

续表

教　学　过　程	授课 体会

实验内容

练习：

$(10110011)_2 = (179)_{10}$

$(5678)_{10} = (1011000101110)_2$

二进制数与八进制数之间的转换

1) 二进制数转换成八进制数(3 位并 1 位)

将二进制数从小数点开始，整数部分从右向左 3 位一组，小数部分从左向右 3 位一组，若不足三位用 0 补足即可。

1	100	101	110	.110	100

$(\quad 1 \quad 4 \quad 5 \quad 6 \quad .6 \quad 4)_8$

2) 八进制数转换成二进制数(1 位拆 3 位)

以小数点为界，向左或向右每 1 位八进制数用相应的 3 位二进制数取代，然后将其连在一起即可。若中间位不足 3 位在前面用 0 补足。

例：$(2754)_8 = (010111101100)_2$

$(526.5)_8 = (101010110.11101)_2$

二进制数与十六进制数之间的转换

1) 二进制数转换成十六进制数(4 位并 1 位)

从小数点开始，整数部分从右向左 4 位一组；小数部分从左向右 4 位一组，不足四位用 0 补足。

例：

11	0110	1110	.1101	0100

$(\quad 3 \quad 6 \quad E \quad .D \quad 4)_{16}$

2) 十六进制数转换成二进制数(1 位拆 4 位)

以小数点为界，向左或向右每 1 位十六进制数用相应的 4 位二进制数取代。

例：$(5A0B)_{16} = (101101000001011)_2$

$(3.F)_{16} = (11.0101111)_2$

思考：八进制数与十六进制数之间怎样转换？

练习：

1) $(10100010)_2 = (A2)_{16}$

2) $(11001101.0111)_2 = (CD.7)_{16}$

3) $(7D9)_{16} = (11111011001)_2$

4) $(6B.5A)_{16} = (1101011.01011010)_2$

5) $(735)_8 = (1DD)_{16}$

6) $(2A3F)_{16} = (25077)_8$

可让学生打开"C:\《大学计算机应用基础》实验\导学实验 36——信息表示、存储及进制转换(初级)\计算机系统导学理解 1——进制间的转换.xlt"，形象地理解二进制数与十进制数相互转换的关系。

(四) 常见的信息编码

可让学生打开"C:\《大学计算机应用基础》实验\导学实验 36——信息表示、存储及进制转换(初级)\计算机系统导学理解 2——ASCII 码表.xlt"，形象地理解 ASCII 码对应的十进制数和二进制数。

➢ 西文字符编码——ASCII 码

每一个字符有一个编码。

续表

教 学 过 程	授课体会
➤ 汉字编码 　　　汉字输入码（即汉字的外部码）； 　　　汉字信息在计算机内部处理时，统一使用机内码； 　　　汉字信息在输出时使用字形码以确定一个汉字的点阵。 　　1) 国标区位码 　　　GB2312-80 基本集中的汉字与符号组成一个 94×94 的矩阵。在此矩阵中，每一行称为一个"区"，每一列称为一个"位"，于是我们用一个字节对"区"编码，另一个字节对"位"编码。 　　2) 机内码 　　　汉字机内码是汉字存储在计算机内的代码。 　　　汉字机内码还是用连续的两个字节表示，但它的每一个字节最高位为 1。 　　　汉字机内码与区位码的换算方法： 　　　汉字机内码高位字节＝"区"号转换成十六进制＋A0H。 　　　汉字机内码低位字节＝"位"号转换成十六进制＋A0H。 　　实验： 　　　C:\《大学计算机应用基础》实验\导学实验 36——信息表示、存储及进制转换（初级）\编码进制.doc。	

（实验内容 — 左栏标签）

拓展思考	思考： 　　(1) 计算机内部的减法是如何实现的？ 　　(2) 回家上网查阅，计算机内部是简单的转换过去的二进制吗？
教学总结	➤ 计算机中数据的表示方法和存储方式 ➤ 数制的概念及其相互之间的转换 　　r 进制整数转化成十进制整数 　　$a_n\cdots a_1 a_0＝a_n * r_n+\cdots+a_1 * r_1+a_0 * r_0$　　　　按权展开。 ➤ 十进制整数转化成 r 进制整数 　　除以 r 取余数，商为 0 止，先余为低，后余为高。
作业	(1) 计算机内部数据的表示形式是_____。 　　A. 八进制　　　　B. 十进制　　　C. 二进制　　　D. 十六进制 (2) 以下哪个数值等于十进制数 63 。 　　A. (77)O　　　　B. (111110)B　　C. (64)D　　　　D. (3D)H (3) 8 位二进制数（一个字节）可以表示_____个不同的状态。 　　A. 128　　　　B. 256　　　　C. 512　　　　D. 1024 (4) 在计算机中表示信息的最小单位是(　　)。 　　A. 字　　　　B. 字节　　　C. 位　　　　D. 双字节 (5) 标准 ASCII 码占有_____位，表示了_____个不同的字符。在计算机中用_____个字节表示，其二进制最高位_____。
预习	计算机编码

9.2.4　第 42 次课——码制

第 42 次课教学安排如下。

讲次	第 42 次课	上课方式	带着学生做
教学环境	多媒体机房或教室	课时	2 学时
教学内容	根据所教专业需要程度进行调整		
教学目标	码制		
教学重点	机器数、原码、补码和反码的概念、特点		
教学难点	掌握原码、补码和反码的表示方法和特点		

第 42 次课使用的素材文件夹为"导学实验 37——码制（中级）（2 学时）"，其所含文件如图 9-4 所示。

导学实验37——码制.pot
Microsoft PowerPoint 模板
565 KB

图 9-4　第 42 次课使用的素材

第 42 次课教学过程如下。

	教 学 过 程	授课体会
教学提示	课次：计算机网络　第 1/2 次课 提问： 　　（1）十进制如何向各进制转换？ 　　（2）各进制如何向十进制转换？ 教学内容提示： 　　使学生进一步了解计算机内部的工作方式，为学生后续专业课做好准备。	
授课内容	➢ 机器数与原码、补码和反码表示 ➢ 定点数和浮点数	
实验内容	（一）机器数与原码、补码和反码表示 　　➢ 机器数 　　➢ 原码表示法 　　➢ 反码表示法 　　➢ 补码表示法 （二）将一个负数的二进制补码数转换成十进制数 　　步骤如下： 　　（1）首先将各位取反。 　　（2）将其转换为十进制数，并在前加一负号。 　　（3）对所得到的数再减 1，即得到该数的十进制数。 练习： 　　写出下列用补码表示的二进制数的真值，并用十进制表示。 　　01101010　01010111　10001101　11111110 　　$[01101010]_补 \rightarrow [01101010]_原 \rightarrow (106)_{10}$ 　　$[01010111]_补 \rightarrow [01010111]_原 \rightarrow (87)_{10}$ 　　$[10001101]_补 \rightarrow [01110010]_原 \rightarrow (-114)_{10} \rightarrow (-115)_{10}$ 　　$[11111110]_补 \rightarrow [00000001]_原 \rightarrow (-1)_{10} \rightarrow (-2)_{10}$	

续表

教　学　过　程	授课体会
实验内容 　（三）定点数和浮点数 　　➢ 整数的表示——定点数 　　➢ 实数的表示——浮点数 　练习： 　　试写出存放 105.5 浮点数的格式。 　　$(105.5)_{10}=(+1101001.1)_2=0.11010011\times 2^{+111}$	

<table>
<tr><td>P_s</td><td>P</td><td>S_s</td><td>S</td></tr>
<tr><td>附符</td><td>附码</td><td>尾符</td><td>尾码</td></tr>
<tr><td>0</td><td>0000111</td><td>0</td><td>1101001100000000000000000</td></tr>
</table>

拓展思考	思考： （1）浮点数的存储为什么出现误差？ （2）如何从一个数的补码得到它的十进制数？
教学总结	➢ 机器数与原码、补码和反码表示 ➢ 定点数和浮点数
作业	完成课堂上未做完的实验
预习	计算机网络的基本知识 因特网的基本知识 因特网的使用

9.2.5　第43次课——计算机网络的基本知识

第43次课教学安排如下。

讲次	第43次课	上课方式	带着学生做
教学环境	多媒体机房或教室	课时	2学时
教学内容	实验要求及内容根据计算机网络发展情况进行调整		
教学目标	计算机网络的基本知识（网络定义和分类；网络拓扑结构；网络通信协议的概念；网络硬件系统；网络软件系统；网络主要用途） 因特网的基本知识（因特网的发展，中国的主干网；TCP/IP 协议与 IP 地址和域名；因特网上的基本服务；计算机与因特网的连接） 因特网的使用（浏览器与 URL 统一资源定位器；WWW 万维网的应用；E-mail 邮件的应用；文件传输协议 FTP 的概念和功能，信息技术在网络信息安全中的作用）		
教学重点	网络基本知识		
教学难点	TCP/IP 协议与 IP 地址和域名		

　　第43次课使用的素材文件夹为"导学实验38——网络基本知识及 IE 使用（初级）（2学时）"，其所含文件如图9-5所示。

 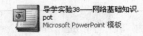 

图 9-5　第 43 次课使用的素材

第 43 次课教学过程如下。

	教 学 过 程	授课体会
教学提示	课次：计算机网络　第 2/2 次课 提问： 　　（1）浮点数在计算机内部是如何存储的？ 　　（2）整数和浮点数的存储各有什么特点？ 教学内容提示： 　　在学生自己完成"网络浏览下载题目.doc"的基础上，帮学生系统总结、梳理。	
授课内容	➢ 计算机网络的基本知识 ➢ 因特网的基本知识 ➢ 因特网的使用	
实验内容	（一）计算机网络的基本知识 　　计算机网络定义 　　计算机网络的功能 　　计算机网络的分类 　　网络通信协议的概念 　　网络硬件系统 　　网络软件系统 （二）因特网的基本知识 　　因特网 　　中国的主干网 　　TCP/IP 协议 　　IP 地址 　　域名 　　因特网上的基本服务 　　计算机与因特网的连接 （三）因特网的使用 　　浏览器与 URL 统一资源定位器 　　WWW 万维网的应用 　　E-mail 邮件的应用 　　文件传输协议 FTP 的概念和功能 实验内容： 　　完成"C:\《大学计算机应用基础》实验\导学实验 38——网络基础知识（初级）\网络.doc"。	
拓展思考	思考： 　　（1）如果家里有两台以上的计算机，能够将其进行联网吗？ 　　（2）你家里上网是通过哪个主干网？ 　　（3）每次上网，同一台计算机 IP 都一样吗？	

续表

教　学　过　程	授课体会
教学总结　➢ 计算机网络的基本知识 ➢ 因特网的基本知识 ➢ 因特网的使用	
作业　⬛完成课堂上未做完的实验	
预习　安装 Windows XP 以及各种软件	

9.2.6　第 44 次课——软件安装专题

第 44 次课教学安排如下。

讲次	第 44 次课	上课方式	带着学生做
教学环境	多媒体机房或教室	课时	2 学时
教学内容	软件安装专题		
教学目标	常用软件的安装		
教学重点	常用软件的安装、注册方法		
教学难点	软件的安装		

第 44 次课使用的素材文件夹为"导学实验 39——软件安装专题",其所含文件如图 9-6 所示。

图 9-6　第 44 次课使用的素材

第 44 次课教学过程如下。

教　学　过　程	授课体会
教学提示　课次:软件安装专题　第 1/1 次课 提问: 　(1) 我国的主干网有哪几个? 　(2) URL 的中文是什么? 教学内容提示: 　有条件的话,最好实例演示软件安装的过程。	

教 学 过 程	授课体会
授课内容 ➢ 安装 Windows XP ➢ 安装 Photoshop CS2 ➢ 安装 Premiere Pro 2.0 ➢ 安装 Office 公式编辑器	
实验内容 （一）安装 Windows XP 　　参看"C:\《大学计算机应用基础》实验\导学实验 39——软件安装专题/软件安装导学实验 01——安装 Windows XP.pps"。 （二）安装 Photoshop CS2 并激活 　　参看"C:\《大学计算机应用基础》实验\导学实验 39——软件安装专题/软件安装导学实验 02——安装 Photoshop CS2.dot"。 （三）安装 Premiere Pro 2.0 并激活 　　参看"C:\《大学计算机应用基础》实验\导学实验 39——软件安装专题/软件安装导学实验 03——安装 Premiere Pro 2.0.dot"。 （四）安装 Office 公式编辑器 　　参看"C:\《大学计算机应用基础》实验\导学实验 39——软件安装专题/软件安装导学实验 04——安装 Office 公式编辑器.dot"。	
拓展思考 思考： 　　在安装软件时，如果没有注册码，怎么办？	
教学总结 ➢ 软件安装并激活 ➢ 软件注册	
作业 完成课堂上未做完的实验	
预习 自主复习	

附录 A Microsoft Office Specialist 认证补充 Word 导学

附录 A 实验内容：

（1）MOS 认证 Word 导学实验 01——保存文档的不同版本。

（2）MOS 认证 Word 导学实验 02——编制索引。

（3）MOS 认证 Word 导学实验 03——修订文档。

（4）MOS 认证 Word 导学实验 04——在 Word 中创建用户填写的窗体。

（5）MOS 认证 Word 导学实验 05——主控文档。

（6）MOS 认证 Word 导学实验 06——保护文档。

（7）MOS 认证 Word 导学实验 07——利用宏绘制国际象棋。

（8）MOS 认证 Word 导学实验 08——交叉引用。

（9）MOS 认证 Word 导学实验 09——自动编写摘要。

A.1 【MOS 认证 Word 导学实验 01 ——保存文档的不同版本】

如果希望记录对文档的更改，可以在同一个文档中保存文档的多个版本。由于 Word 仅保存版本间的差别而不是每个版本的完整副本，该方法也可节省磁盘空间。保存文档的几个版本后，可以退回审阅、打开、打印和删除早期的版本。

实验文件

样例文件"唐诗-不同文件版本.doc"在随书光盘"附录 A MOS 认证补充 Word 导学\MOS 认证 Word 导学实验 01——保存文档的不同版本"文件夹中。

关于版本的操作

（1）保存文档的一个版本：单击菜单【文件/版本】，如附图 A-1 所示。

（2）打开或删除文档的早期版本，查看所选版本的备注，如附图 A-2 所示。

（3）将文档的某个版本另存为独立的文件。

当送交审阅的文档中包含多个版本，但只需最新的或特定的版本时，可将文档的某个版本另存为独立的文件，以防止审阅者打开文档的早期版本。或想使用【工具/比较并合

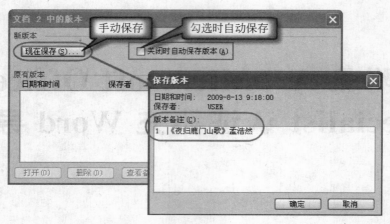

附图 A-1　保存文档的一个版本

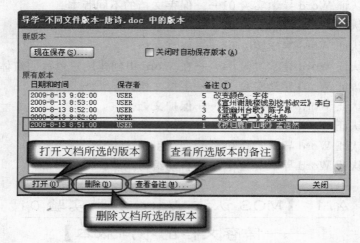

附图 A-2　打开或删除文档的早期版本,查看所选版本的备注

并文档】命令比较不同版本的文档,也应将文档的某个版本另存为独立的文件。其方法为打开选定版本后,选择菜单【文件/另存为】。

A.2　【MOS 认证 Word 导学实验 02——编制索引】

索引列出了一篇文档中的词条和主题,以及它们出现的页码。编制索引有两大步骤,"标记索引"和"插入索引"。

标记索引——在文档中标记并生成索引。标记索引项后,Word 会在文档中添加特殊的 XE(索引项)。

实验文件

样例文件"王子复仇记——索引.doc"在随书光盘"附录 A　MOS 认证补充 Word 导

学\MOS 认证 Word 导学实验 02——编制索引"文件夹中。

关于索引的操作

1. 标记索引

标记索引即在文档中标记并生成索引。标记索引项后，Word 会在文档中添加特殊的 XE（索引项）。

如附图 A-3，单击【插入/引用/索引和目录/索引】，单击【标记索引项】按钮，按附图 A-4 设置【标记索引项】对话框。标记索引后生成的 XE 域如附图 A-5 所示。

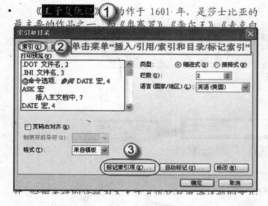

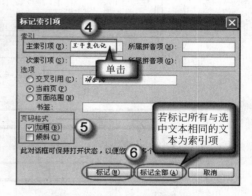

附图 A-3　【索引和目录】对话框　　　　附图 A-4　【标记索引项】对话框

《王子复仇记{·XE·"王子复仇记"·\b·}}》大约作于1601 年，是莎士比亚的最王要的作品之一，和《奥赛罗》、《李尔王》、《麦克白斯》并称为莎士比亚{·XE·"莎士比亚"·\b·}}四大悲剧。具体故事情节梗概如下：哈姆莱特是丹麦王子，在德国威登堡大学接受教育。因为父王猝然死亡，他心情沉痛地回国。在他的密友霍拉旭以及中尉、少尉的指引下，老王的鬼魂向他显现，并告诉他，父王是被现在的丹麦国王——他的叔父施奸计害死的。哈姆莱特{·XE·"哈姆莱特"·\b·}}陷入了痛苦的深渊，他既怕泄密，又怕鬼魂是假的，心烦意乱，只好装疯卖傻。这时他的叔父即国王怀疑他，并派人监视他的言行，

附图 A-5　标记索引后生成 XE 域

2. 插入索引

按附图 A-6 设置。

Word 会收集索引项，将它们按字母顺序排序，引用其页码，找到并且删除同一页上的重复索引，然后在文档中显示该索引，如附图 A-7 所示。

3. 删除索引项（某一 XE 域）

单击【显示/隐藏编辑标记】按钮显示 XE 域。选择整个的索引项域，包括{ }，按Delete 键。

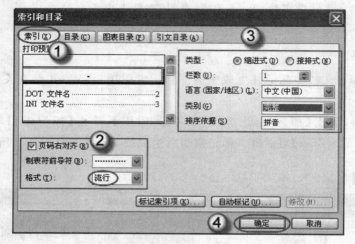

附图 A-6　插入索引

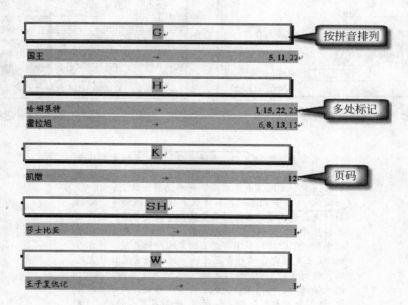

附图 A-7　显示索引

4．更新索引

若新标记或删除了某些索引项后，要更新索引，才能看到最新情况。更新步骤如附图 A-8 所示。

5．删除索引

单击索引的左侧区域，按【Alt＋F9】显示域代码，按【Delete】，删除域代码。

6．快速查找域

若需要查看较长文档中的域，可单击【编辑/查找】，按附图 A-9 设置。

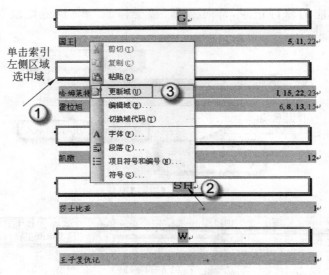

附图 A-8　更新索引

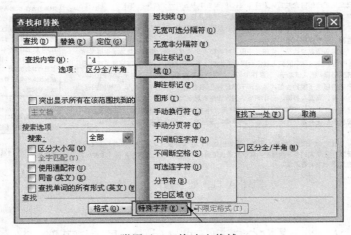

附图 A-9　快速查找域

A.3　【MOS 认证 Word 导学实验 03——修订文档】

实验文件

样例文件"老子-修订文档.doc"在随书光盘"附录 A　MOS 认证补充 Word 导学\MOS 认证 Word 导学实验 03——修订文档"文件夹中。

关于修订文档

很多情况下，一份文档会经若干人的修改、审阅，为了让后面人看到前面人所作的修改，可以选择菜单【工具/修订】，打开审阅工具栏，如附图 A-10 所示，并在状态栏中显示"修订"。在修订状态下编辑文档时，增删文字、突出显示文字等内容均被记录，下一位审阅者只需右击相应的修订记录,即可选择"接受修改"或"拒绝修改",十分便捷,如附图 A-11 所示。

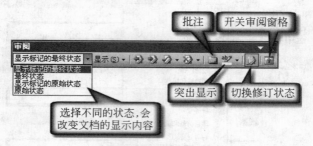

附图 A-10 【审阅】工具栏

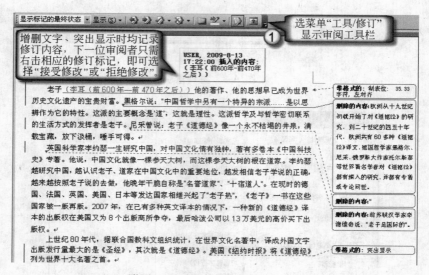

附图 A-11　处于修订状态的文档

A.4　【MOS 认证 Word 导学实验 04
——在 Word 中创建用户填写的窗体】

窗体是包含可以输入信息的空白区域或窗体域的文档。下面是一个窗体,试单击灰色的窗体域输入相关信息。

如附表 A-1 所示,用户既能输入信息,又不会在填写时无意修改窗体。

请选择组别

附表 A-1　窗体

姓名		年龄	
性别		爱好	□篮球　□足球　□游泳　□跑步　其他:

在窗体中,可以使用【文字型窗体域】、【复选框型窗体域】和【下拉型窗体域】,以填写不同类型的数据。

实验文件

在随书光盘"附录 A　MOS 认证补充 Word 导学\MOS 认证 Word 导学实验 04——在 Word 中创建用户填写的窗体"文件夹中。

关于窗体的操作

1. 打开【窗体】工具栏

在【视图/工具栏/窗体】,打开【窗体】工具栏,如附图 A-12 所示。

2. 插入窗体域

附图 A-12　【窗体】工具栏

在文档中,单击要插入窗体域的位置。单击【窗体】工具栏中【文字型窗体域】**abl**或单击【复选框型窗体域】**☑**或单击【下拉型窗体域】**围**即可插入窗体域。

3. 修改窗体域

双击域可以修改窗体域的选项,如附图 A-13 所示。

附图 A-13　3 种窗体域的选项窗口

【文字型窗体域选项】对话框中的【类型】列表框包含 6 种域类型,可设定限制位数和格式,其特点如附表 A-2。

附表 A-2　文字型窗体域中 6 种域类型

文字型窗体域的类型	特　　点
常规文字	接受文本、数字、符号或空格。
数字	必须填入数字。
日期	必须填入有效日期。
当前日期	显示当前日期。用户无法填充或更改此域。
当前时间	显示当前时间。用户无法填充或更改此域。
计算	使用＝(算式)域计算数字,例如销售税小计。用户无法填充或更改此域。

4. 显示或删除底纹

单击【窗体】工具栏上的【窗体域底纹】**☒**,可以显示或删除底纹。(底纹可使用户快速地识别需要响应的域,底纹并不打印出来。)

5. 保护窗体

只有对窗体增加保护之后,用户才能填充窗体(同时防止用户更改窗体)。

① 单击【工具/保护文档】。

② 在【保护文档】任务窗格中，如附图 A-14 所示，在【编辑限制】下，选中【仅允许在文档中进行此类编辑】复选框，再单击编辑限制列表中的【填写窗体】。

③ 若要只对部分窗体增加保护，请单击【选择节】，并清除不希望对其增加保护的节的复选框，如附图 A-15 所示。

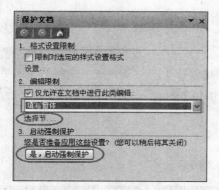
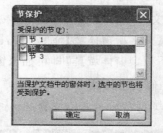

附图 A-14　保护文档设置对话框　　　　附图 A-15　节保护设置对话框

6. 保存为模板

① 在【文件】菜单上，单击【另存为】。

② 在【保存类型】框中，单击【文档模板(＊.dot)】。

③ 在【文件名】框中，键入模板名称，单击【保存】按钮。

7. 解除对窗体的保护

单击【工具】菜单中的【解除文档保护】命令，若有密码，请键入密码。

双击"预诊表-样例.doc"，点击其中的窗体域，体会不同窗体域的使用。打开"预诊表-发学生.doc"，插入不同的窗体域，并对【文字型窗体域】加以相应的限制，对窗体保护后，将其保存为模板文件"预诊表.doc"。

A.5　【MOS 认证 Word 导学实验 05——主控文档】

实验文件

在随书光盘"附录 A MOS 认证补充 Word 导学\MOS 认证 Word 导学实验 05——主控文档"文件夹中。

关于主控文档

主控文档是一组单独文件(或子文档)的容器。使用主控文档可创建并管理多个较小的文档，例如，包含几章内容的一本书，从而便于组织和维护。

创建主控文档需从大纲视图状态着手。单击【视图/大纲】，可将大纲中的标题指定为子文档，亦可将已有的文档添加到主控文档，使其成为子文档。

创建主控文档前需将欲成为子文档的文件存入一单独文件夹中，之后保存的主控文档和其他子文档均存入该文件夹，以便移动文件夹后保持正确的相对链接。

可以新建一个 Word 文件作为主控文档。附图 A-16、附图 A-17 为在大纲视图下,将已有的文档作为子文档插入。保存主控文档后,单击某链接可打开并编辑相应子文档(见附图 A-18)。文件夹移动后,链接路径自动改变(见附图 A-19)。

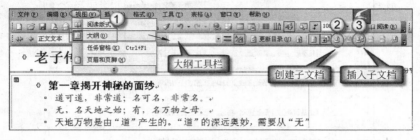

附图 A-16　改为大纲视图后,创建子文档

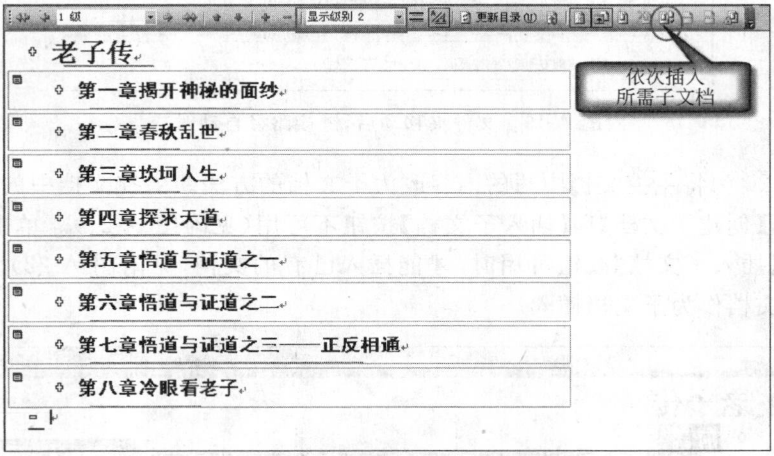

附图 A-17　将已有的文档作为子文档插入

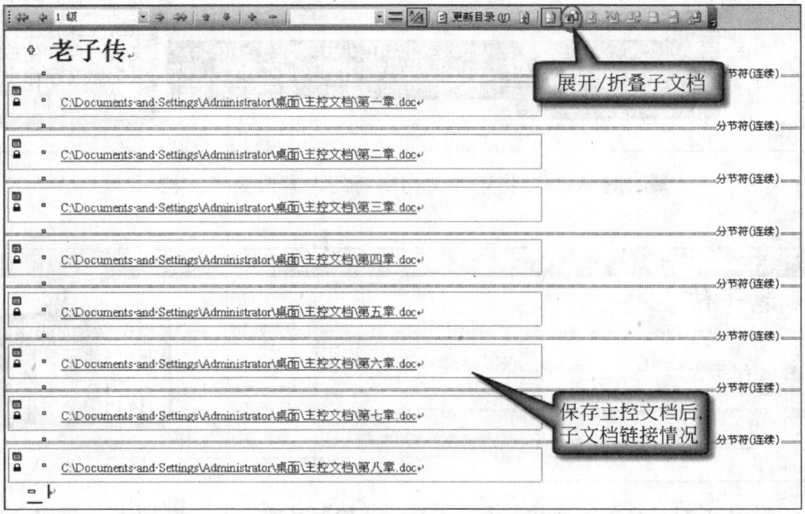

附图 A-18　保存后的主控文档,单击某链接后,可打开并编辑相应子文档

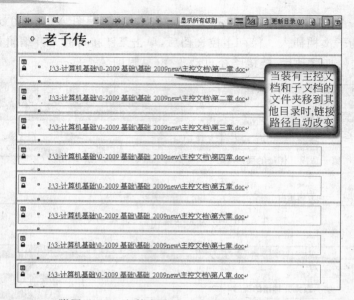

附图 A-19　文件夹移动后,链接路径自动改变

附图 A-20 为将主控文档中写的内容改为子文档的方法。主控文档中的子文档为链接的状态时,【创建子文档】和【插入子文档】按钮不可用(见附图 A-21)。单击【展开子文档】按钮后,【插入子文档】按钮可用时,才能插入已有的文档(见附图 A-22)。附图 A-23为将已有的文档作为子文档插入。

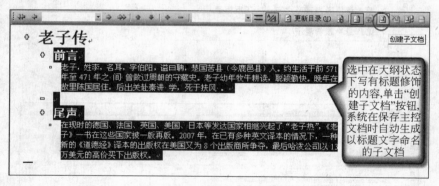

附图 A-20　将主控文档中写的内容改为子文档

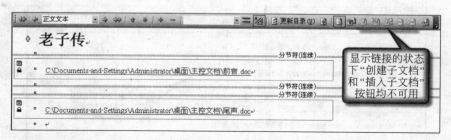

附图 A-21　显示链接状态下,【创建子文档】和【插入子文档】按钮不可用

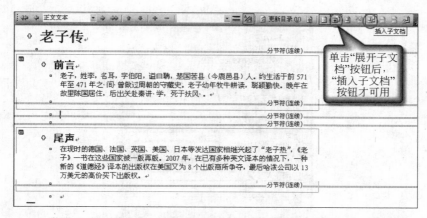

附图 A-22　单击【展开子文档】按钮后,【插入子文档】按钮才可用

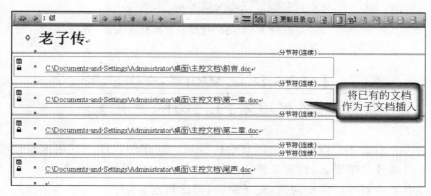

附图 A-23　将已有的文档作为子文档插入

在工作组中,可以将主控文档保存在网络上,并将文档划分为独立的子文档,从而共享文档的所有权。

A.6　【MOS 认证 Word 导学实验 06——保护文档】

完成一个文档的编辑后,可以以 4 种方式限制其他用户对该文档的修改。

(1)只允许其他用户修订但不能接受或拒绝修订的内容(即最后的决定权是加设"保护文档"的用户的)。

(2)只允许其他用户添加、修改、删除批注。

(3)只允许其他用户填写窗体域。

(4)只允许其他用户读文档内容而不能做任何修改。

关于保护文档的操作

单击菜单【工具/保护文档】,打开任务窗格,如附图 A-24 所示,设置相应选项后,单击【是,启动强制保护】,填写密码后保存。

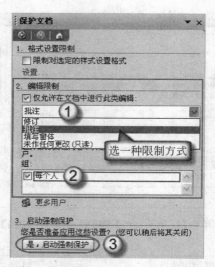

附图 A-24　设置【保护文档】

A.7 【MOS 认证 Word 导学实验 07 ——利用宏绘制国际象棋】

宏是 Office 后台的一段程序,可以自动执行某一动作的程序。其用途是使任务自动化。我们可以通过录制宏、运行宏来使用宏。

下面以宏来绘制国际象棋为例,先录制宏,再运行宏。

附表 A-3　8×8 的表格作为棋盘

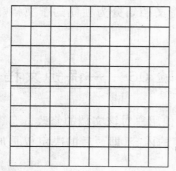

附表 A-4　制作好的国际象棋盘

实验文件

在随书光盘"附录 A MOS 认证补充 Word 导学\ MOS 认证 Word 导学实验 07——利用宏绘制国际象棋"文件夹中。

关于宏的操作

首先制作一个 8 行 8 列的表格(如附表 A-3),设定行高及列宽均为 1.8 厘米,设置粗

框线。(已提供)

1. 录制宏

1) 启动宏

光标置于第 1 行、第 1 列的单元格中,单击【工具/宏/录制新宏】,给定宏名,单击【确定】,进入录制状态。

2) 录制宏的内容

单击【格式/边框和底纹】,在【底纹】选项卡中选"黑色",应用范围选"单元格",单击【确定】按钮。

3) 停止录制

单击【停止录制】工具栏中【停止录制】按钮。

2. 运行宏

选中要填充黑色的单元格,单击【工具/宏/宏】,选定宏名,单击【运行】。

或者选中要填充黑色的单元格,按【Alt＋F8】,选定宏名,单击【运行】。结果如附表 A-4 所示。

A.8　【MOS 认证 Word 导学实验 08——交叉引用】

实验文件

在随书光盘"附录 A MOS 认证补充 Word 导学\MOS 认证 Word 导学实验 08——交叉引用"文件夹中。

关于交叉引用

Word 的题注功能可以方便、快捷地标注插入的图形或表格的编号,并可在删除某图、表后通过【更新域】命令自动重新编号。

Word 文档中常常出现引用题注编号的情况,例如,"请参阅图 1",如果手工键入这种引用,当增删图或表等对象时需逐个对应修改,不仅麻烦且易出错,Word 的交叉引用功能很好地解决了这个问题。它将"请参阅图 1"中的"图 1"与文档中题注"图 1"关联在一起作为交叉引用,当文档中的图号发生变化时,交叉引用的图号随之改变,免去了修改之烦锁及由此产生的错、漏情况。

Word 可为标题、脚注、书签、题注、编号段落等创建交叉引用。

创建交叉引用

将光标置于需指明题注的位置,"插入/引用/交叉引用",如附图 A-25、附图 A-26 所示,即创建了交叉引用。

引用处的题注可以链接到所指对象,如附图 A-27 所示。如附图 A-28 增删图后要及时更新交叉引用的域。

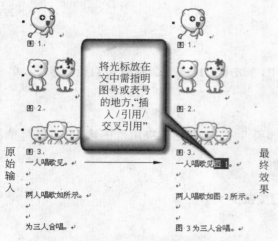

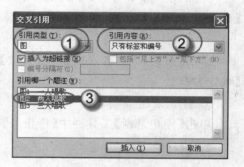

附图 A-25　用【交叉引用】来选择题注

附图 A-26　引用题注

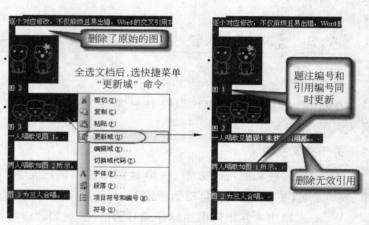

图 A-27　引用处的题注可以
链接到所指对象

附图 A-28　增删图后要及时更新交叉引用的域

A.9　【MOS 认证 Word 导学实验 09——自动编写摘要】

　　【自动编写摘要】识别文档中的要点。【自动编写摘要】在报告、章程和科学论文等组织结构清晰的文档中使用效果最佳。

　　【自动编写摘要】对文档进行分析并为每个句子指定分数，文档中常用词汇的句子得分较高。用户可以按百分比选择部分得分最高的句子，将其显示在摘要中。

　　单击菜单【工具/自动编写摘要】，如附图 A-29 选择摘要类型、摘要长度，如果不希望在执行"自动编写摘要"命令时覆盖"摘要"选项卡上已有的关键词和备注（如附图 A-30），请清除"更新文档统计信息（单击【文件/属性】）"复选框。

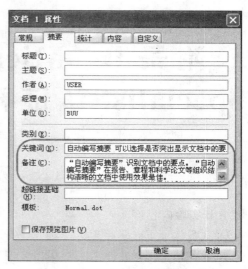

附图 A-29　【自动编写摘要】对话框　　　　　附图 A-30　文档属性对话框

附录 B　Microsoft Office Specialist 认证补充 Excel 导学

附录 B 实验内容：

(1) MOS 认证 Excel 导学实验 01——导入外部文件。

(2) MOS 认证 Excel 导学实验 02——自定义工具栏和菜单。

(3) MOS 认证 Excel 导学实验 03——跨工作簿公式计算(工作簿间单元格引用)。

(4) MOS 认证 Excel 导学实验 04——公式审核和数据验证。

(5) MOS 认证 Excel 导学实验 05.——数据分析(分析工具库)。

(6) MOS 认证 Excel 导学实验 06——共享工作簿。

(7) MOS 认证 Excel 导学实验 07——合并工作簿和追踪修订。

(8) MOS 认证 Excel 导学实验 08——数据有效性之序列。

B.1　【MOS 认证 Excel 导学实验 01 ——导入外部文件】

实验文件

存放于随书光盘"附录 B　MOS 认证补充 Excel 导学\MOS 认证 Excel 导学实验 01——导入外部文件"文件夹中。

关于导入外部文件

Excel 所能导入的 3 种外部数据格式：数据库文件格式、文本文件格式和 XML 文件格式。

1. 导入文本文件

(1) 选择【数据/导入外部数据/导入数据】，如附图 B-1 所示。

(2) 在弹出的【选取数据源】对话框中，选择要导入的文本文件，如附图 B-2 所示。

(3) 单击【打开】按钮后，出现【文本导入向导-3 步骤之 1】，如附图 B-3 所示。由于该文本文件由空格分隔，所以在这里需要选择用【分隔符号】分隔每个数据。

(4) 单击【下一步】按钮，进入如图所示的【文本导入向导-3 步骤之 2】，由于文件中使用空格作为分隔符，所以在这里选择【空格】作为分隔符，如附图 B-4 所示。

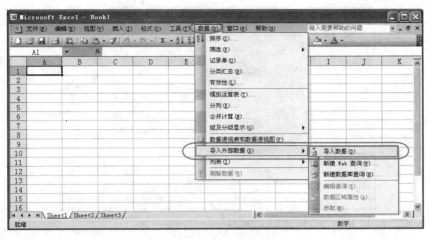

附图 B-1　【导入数据】菜单

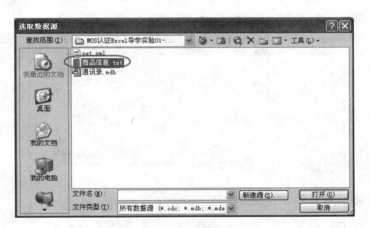

附图 B-2　【选取数据源】对话框

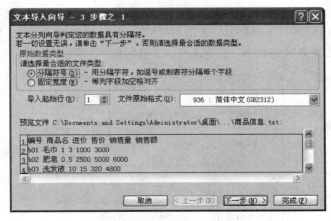

附图 B-3　文本导入向导之 1

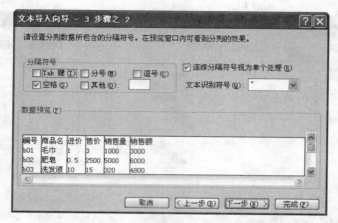

附图 B-4　文本导入向导之 2

（5）单击【下一步】进入如图所示的【文本导入向导-3 步骤之 3】，附图 B-5 所示是数据预览中已经看到对文本文件的正确的分隔。

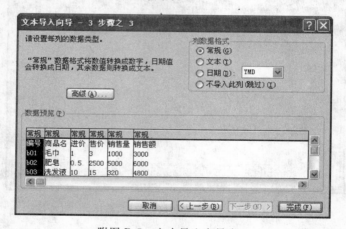

附图 B-5　文本导入向导之 3

（6）单击【完成】按钮，出现【导入数据】对话框，文本文件导入成功，在【现有工作表】中需要指定一个数据放置的位置，这里选择 A1 单元格。如附图 B-6 所示。

附图 B-6　确定数据存放位置

（7）文本文件导入的结果如附图 B-7 所示。

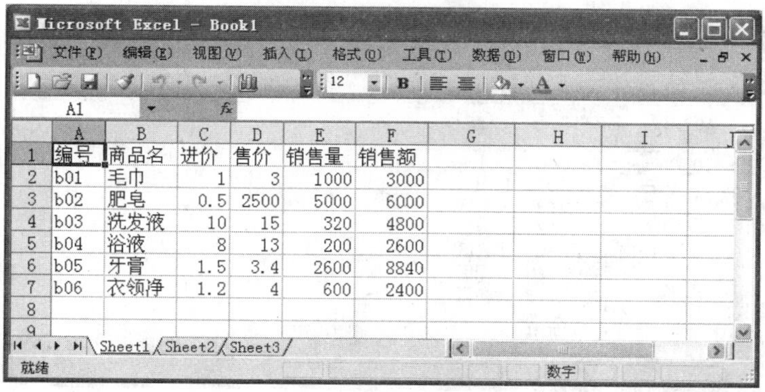

附图 B-7　文本文件导入结果

2. 导入数据库文件

（1）选择【数据/导入外部数据/导入数据】，并在出现的【选取数据源】对话框中，选择需要的数据库文件"通讯录.mdb"，如附图 B-8 所示。单击【打开】按钮。

附图 B-8　"选取数据源"对话框

（2）在【导入数据】窗口中确定数据的放置位置为现有工作表的 A1 单元格，如附图 B-9 所示。

附图 B-9　确定数据存放的位置

（3）单击【确定】按钮后，数据库文件导入 Excel 中，结果如附图 B-10 所示。

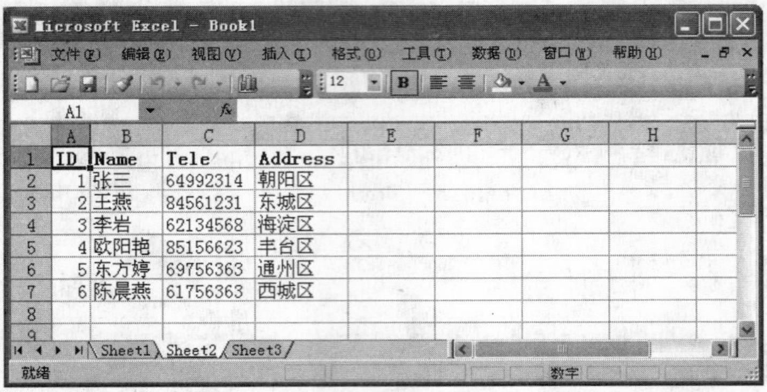

附图 B-10　数据库文件导入结果

3. 导入 XML 文件

（1）选择【数据/XML/XML 源】，如附图 B-11 所示。

附图 B-11　【XML 源】菜单项

（2）出现如附图 B-12 所示的右边【XML 源】任务窗格。单击【XML 映射...】按钮。

（3）如附图 B-13 所示，单击【XML 映射】对话框中【添加】按钮，出现【选择 XML 源】对话框，如附图 B-14 所示，在该对话框中选择要导入的 XML 文件。

（4）单击【打开】按钮。便出现了如附图 B-15 所示的对话框，单击【确定】即可。

（5）XML 的架构已经导入了 Excel，出现了如附图 B-16 所示的【XML 映射】窗口，其中比添加前多了 dataroot 映射。

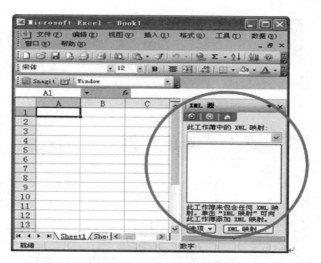

附图 B-12　【XML 源】窗口

附图 B-13　XML 映射对话框

附图 B-14　选择 XML 源对话框

附图 B-15　Office 提示对话框

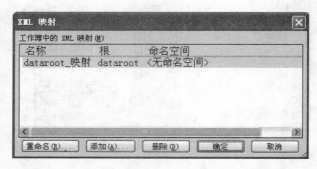

附图 B-16　导入了 XML 架构的 XML 映射对话框

（6）单击【确定】，在【XML 源】窗口中出现了要导入的 XML 文件的标记，如附图 B-17 所示。

附图 B-17　XML 源窗口出现导入的标记

（7）将【XML 源】窗口中出现的标记，拖曳到单元格中，出现如附图 B-18 所示的情况。

（8）选择菜单【数据/XML/导入】，出现如附图 B-19 所示的【导入 XML】对话框，选择要导入的 XML 文件，单击【导入】。

（9）最终导入的 XML 文件，如附图 B-20 所示。

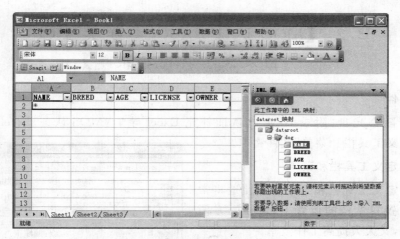

附图 B-18　标记拖曳到单元格

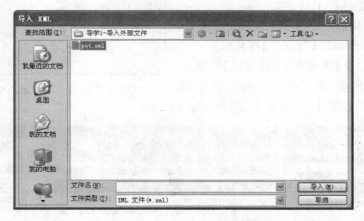

附图 B-19　导入 XML 文件对话框

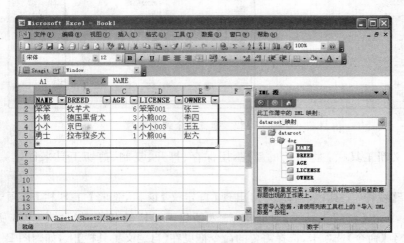

附图 B-20　XML 文件导入结果

B.2 【MOS 认证 Excel 导学实验 02 ——自定义工具栏和菜单】

实验文件

存放于随书光盘"附录 B MOS 认证补充 Excel 导学\MOS 认证 Excel 导学实验 02——自定义工具栏和菜单"文件夹中。

关于自定义工具栏和菜单

利用自定义工具栏和菜单能方便地将常用的工具放置在希望的位置上,这样既方便自己的工作,又大大提高工作效率。

(1)自定义工具栏:将【选择性粘贴】工具放置在常用工具栏上

① 选择菜单【视图/工具栏/自定义】,出现如附图 B-21 所示的【自定义】对话框。

② 选择【命令】选项卡下的【编辑】类别之【选择性粘贴】命令,并直接将其拖曳到常用工具栏上相应的位置上,如附图 B-22 所示。

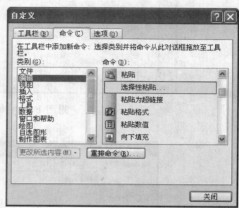

附图 B-21　选择并出现的自定义对话框

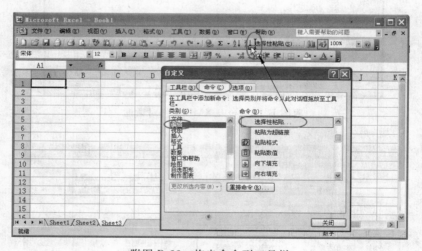

附图 B-22　拖曳命令到工具栏

(2)定义新工具栏:将常用的新建,用保存、打开、复制、剪切工具来创建一个新的工具栏。

① 选择【视图/工具栏/自定义】,出现【自定义】窗口,选择【工具栏】选项卡,并单击【新建】按钮,弹出【新建工具栏】对话框,输入新建工具栏的名称,如附图 B-23 所示。

② 切换到【命令】选项卡,选择需要的命令拖曳在【自定义工具栏】上,如附图 B-24 所示。

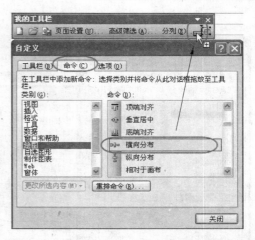

附图 B-23　新建工具栏　　　　　　　　附图 B-24　在新建的工具栏上放置需要的命令

③ 完成后，单击【关闭】按钮，将新建的【我的工具栏】拖放到合适的位置即可。

（3）定义新菜单：将复选框、选择按钮、其他控件和查看代码菜单项组成一个新菜单。

① 选择【视图/工具栏/自定义】，弹出【自定义】窗口，选择【命令】选项卡，选择【类别】列表中的【新菜单】，选中并拖曳【命令】列表中的【新菜单】到上方的【帮助】右侧，如附图 B-25 所示。

② 新菜单出现在菜单栏中，接下来选择【自定义】窗口中的【命令】选项卡，并选择需要的命令拖曳到新菜单上，如附图 B-26 所示。

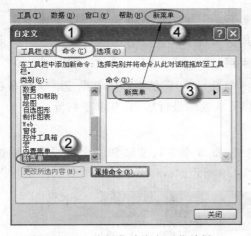

附图 B-25　将新菜单拖曳到菜单栏上　　　附图 B-26　将菜单项拖放到新菜单

③ 重新命名【新菜单】项，在【自定义】窗口状态下，在已经添加好的【新菜单】处，单击右键，选择【命名】即可修改该菜单名，如附图 B-27 所示。

（4）重排菜单项顺序以及删除工具项、菜单项

① 在【自定义】窗口下，【命令】选项卡下，选择某一类别，单击【重排命令】按钮，可以对该类别中菜单项进行编辑：添加、删除以及位置顺序进行调整，如附图 B-28 所示。

② 删除工具按钮、菜单项、菜单，必须在【自定义】窗口状态下，选中要删除项，单击

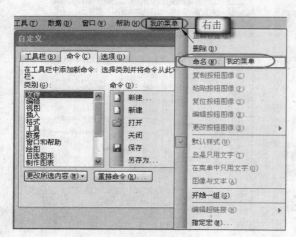

附图 B-27　重命名菜单名

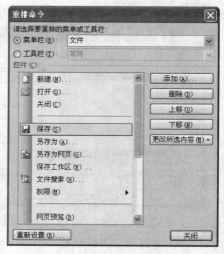

附图 B-28　重排菜单顺序

右键,选择删除即可。

B.3 【MOS 认证 Excel 导学实验 03——跨工作簿公式计算(工作簿间单元格引用)】

实验文件

存放于随书光盘"附录 B MOS 认证补充 Excel 导学\MOS 认证 Excel 导学实验 03——跨工作簿公式计算(工作簿间单元格引用)"文件夹中。

关于跨工作簿公式计算(工作簿间单元格引用)

实际工作中,成绩经常会分布在多个工作簿中,由每门课的老师负责给定。将分布在 5 个工作簿中的物理、体育、计算机、高等数学和英语成绩进行求和,并求平均分。

1. 公式求和

(1) 将本实验文件夹中 6 个工作簿全部打开,即 5 个单科成绩和 1 个总成绩。则在窗口菜单下可见 6 个工作簿的文件名,如附图 B-29 所示。

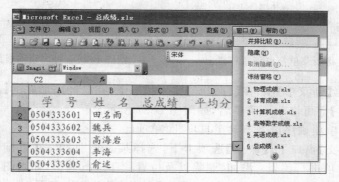

附图 B-29　窗口菜单中可见 6 个工作簿名

（2）计算总成绩：当前工作簿是"总成绩"，在要计算总分的单元格中开始输入公式
"＝"，然后在窗口菜单下，选择"物理成绩.xls"工作簿，窗口便切换到"物理成绩.xls"中，
选择相应的一个物理成绩，如附图 B-30 所示。

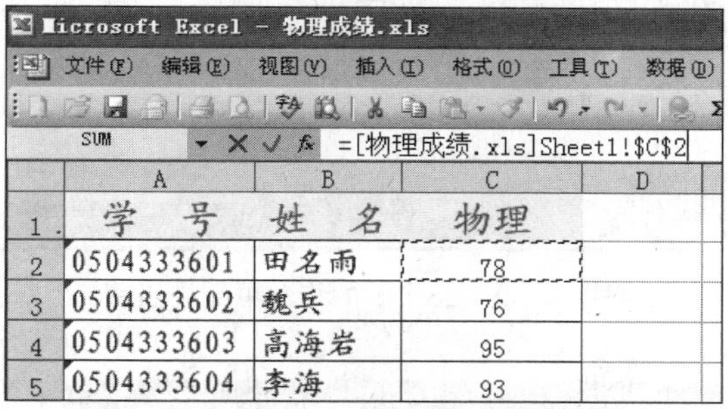

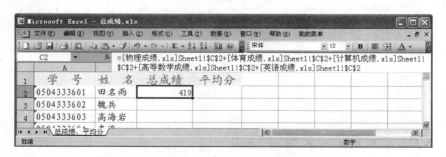

附图 B-30　在"物理成绩"工作簿窗口

（3）物理成绩选择完成后，在公式后面输入"＋"，然后在窗口菜单下选择另一门成绩
的工作簿，步骤同 2，如附图 B-31 所示。

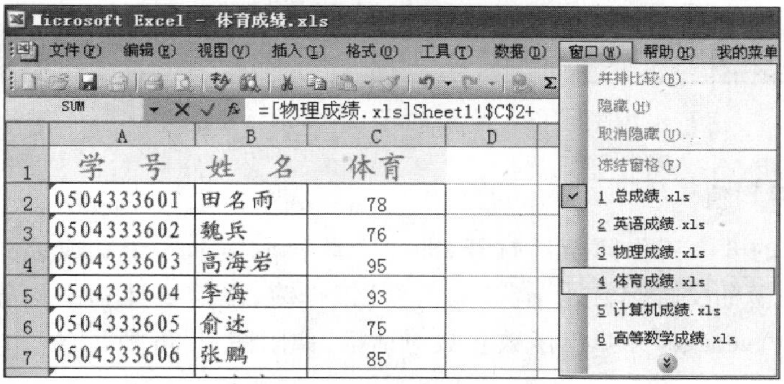

附图 B-31　在【窗口】菜单中选择"体育成绩"工作簿

（4）依次类推，将 5 门成绩全部选择并进行了相加，最终回车确认公式即可完成，窗
口自动回到了最开始的"总成绩"工作簿窗口，如附图 B-32 所示。

附图 B-32　最后一门"英语成绩"选择之后的公式

（5）回到"总成绩"工作簿窗口后，观察公式中的单元格的引用均为绝对单元格引用，
如附图 B-33 所示，在公式向下填充过程中，单元格不变，所以需要将公式中的绝对单元格

引用改为相对单元格引用,如附图 B-34 所示,向下填充,全部的总成绩便计算完成。

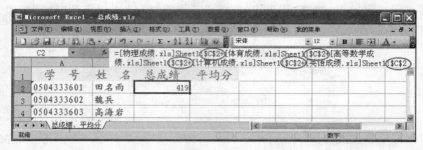

附图 B-33　公式中的绝对单元格引用

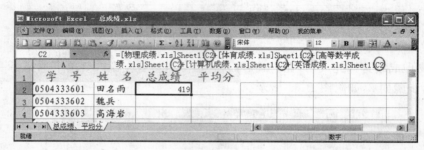

附图 B-34　最终的跨工作簿的计算公式

2. 函数求平均值

(1) 将需要的 6 个工作簿全部打开,即 5 个单科成绩和 1 个总成绩。则在窗口菜单下可见 6 个工作簿的文件名。当前为"总成绩"工作簿,在需要计算平均分的单元格中插入需要的函数:Average,并弹出函数参数对话框,如附图 B-35 所示。

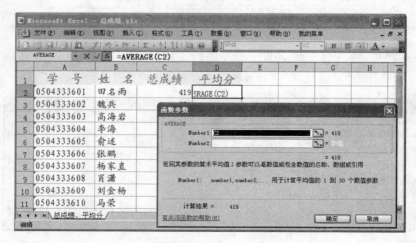

附图 B-35　插入函数

(2) 在 Number1 和 Number2 窗口中,通过【窗口】菜单来选择工作簿,同跨工作簿公式求和的步骤,如附图 B-36 所示。

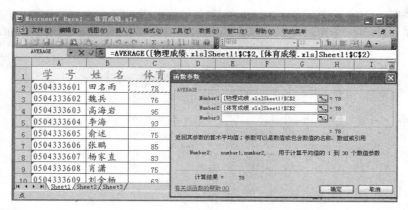

附图 B-36　在参数窗口中从"窗口"菜单选择需要的工作簿

（3）函数完成后，还需要将绝对单元格引用修改为相对单元格引用，如附图 B-37 所示。

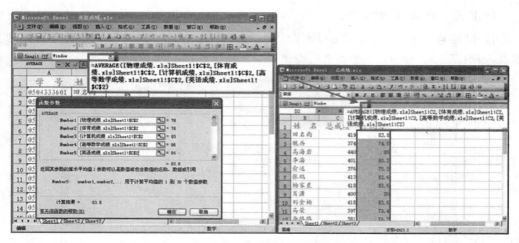

附图 B-37　将公式中的绝对引用修改为相对引用

B.4　【MOS 认证 Excel 导学实验04 ——公式审核和数据验证】

实验文件

存放于随书光盘"附录 B MOS 认证补充 Excel 导学 \ MOS 认证 Excel 导学实验 04——公式审核和数据验证"文件夹中。

关于公式审核和数据验证

一个正确的公式才能得到正确的结果，对于公式太多的数据表来说，出现错误是难免的。所以必须学会使用公式审核工具来追踪公式中的引用单元格和从属单元格，来保证公式的正确性。

单击菜单【工具/公式审核】，显示出公式审核的各项功能，也可调出公式审核工具栏，如下所示。

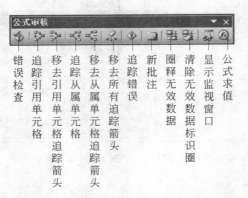

下面就百货部"一季度平均"销售情况的公式进行错误追踪。

1. 打开工作簿、找到错误公式

打开"某超市物品销售统计．xls"工作簿，可以看到，在百货部的一季度平均值出现了错误，如附图 B-38 所示，下面就来追踪该错误的产生原因。

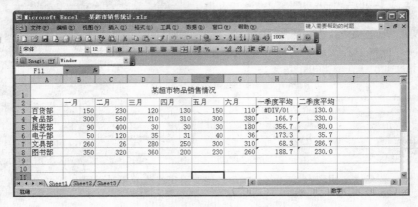

附图 B-38　带错误的工作表

2. 添加【监视窗口】

添加【监视窗口】，目的是时刻观察该公式和它的结果，尤其适用于数据表较大，公式单元格已经超出视线之外时。选中需要监视的单元格 H3，选择【工具/公式审核/显示监视窗口】，如附图 B-39 所示，在【监视窗口】中，选择【添加监视】，选择 H3 单元格即可对其公式和结果时刻进行监视。

3. 追踪错误

选中错误公式的单元格，选择【工具/公式审核/追踪错误】，系统便将该公式所引用的单元格用蓝色框标注出来，方便观察公式的引用情况（或者选择【工具/公式审核/追踪引用单元格】也可得到相同的效果）。

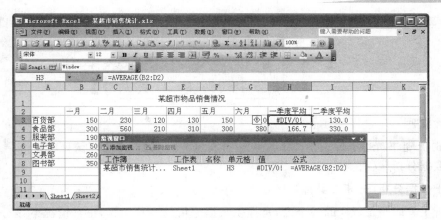

附图 B-39　监视对话框

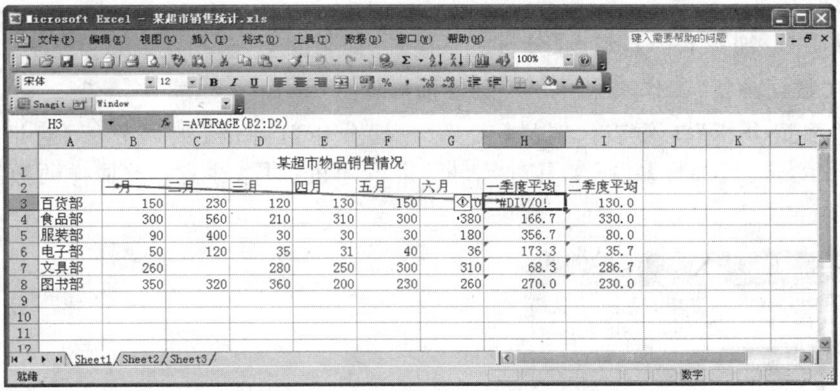

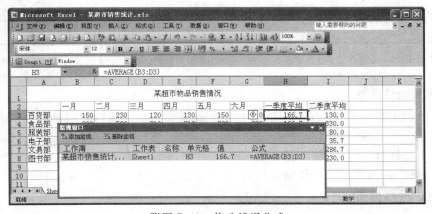

附图 B-40　追踪引用单元格

4．分析追踪结果，修改错误

通过上方的追踪错误，可以看出该公式引用的单元格为非数字，不能进行计算，属于单元格引用错误。修改公式为＝AVERAGE（B3：D3）即可，如附图 B-41 所示，同时将下

附图 B-41　修改错误公式

方的公式进行填充得到正确的公式。

B.5 【MOS 认证 Excel 导学实验 05
——数据分析(分析工具库)】

实验文件

存放于随书光盘"附录 B MOS 认证补充 Excel 导学\MOS 认证 Excel 导学实验 05——数据分析"文件夹中。

关于数据分析(分析工具库)

分析工具库是 Excel 的一个宏,是提供数据分析的一种工具,正常情况下该分析工具是没有显示出来的,必须加载才会在菜单项中出现。

1. 添加分析工具库

选择【工具/加载宏…】,勾选【分析工具库】。如附图 B-42 所示。

2. 对"数据分析"工作表中"学号"进行抽样调查

打开"数据分析"工作表。选择【工具/数据分析】,弹出【数据分析】对话框,如附图 B-43 所示,选择【抽样】数据工具对"学号"进行随机抽样(注意:被抽样的数据必须为数字格式)。

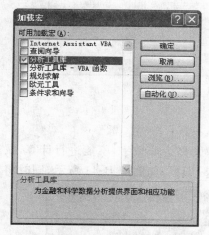

附图 B-42 【加载宏】对话框

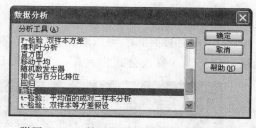

附图 B-43 利用数据分析对学号进行抽样

3. 设置抽样参数

确定抽样工具后,弹出如附图 B-44 所示的抽样窗口。设置【抽样】参数:在输入区域中,选择要统计的数据列,因要对学号进行抽样,即选"学号"列单元格区域(包括表头),在抽样方法中选择"随机",再输入样本数:10,最后将输出区域定义在 D1(或者其他位置)。【确定】后,抽样数据便出现在输出区域中了。

4. 输出抽样结果

抽出的 10 个学号如附图 B-45 所示。

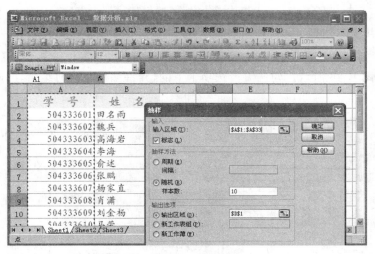

附图 B-44　抽样设置对话框

附图 B-45　抽样结果

B.6 【MOS 认证 Excel 导学实验 06——共享工作簿】

实验文件

存放于随书光盘"附录 B MOS 认证补充 Excel 导学\MOS 认证 Excel 导学实验 06——共享工作簿"文件夹中。

关于共享工作簿

共享工作簿允许多人同时对该工作簿进行编辑和修改,来达到多人协作的工作方式。将工作簿共享设置后,另存到网络上一个共享文件夹下即可,多用户便可以同时打开该共享工作簿进行编辑。

1. 设置共享工作簿

（1）打开需要共享的工作簿"成绩单"，选择【工具/共享工作簿】，出现【共享工作簿】对话框，如附图 B-46 所示。勾选编辑选项卡下的【允许多用户同时编辑，同时允许工作簿合并】复选框。

附图 B-46　共享工作簿设置对话框

（2）选【共享工作簿"】中【确定】按钮后，出现如附图 B-47 所示窗口，单击【确定】，完成设置。此时，标题栏的文件名后出现了"共享"字样，如附图 B-48 所示。

附图 B-47　确认保存对话框

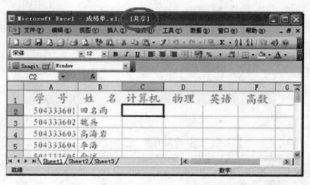

附图 B-48　标题栏上出现的［共享］

2. 共享工作簿的使用

本地用户编辑"计算机"成绩，网络上其他用户编辑"物理""英语""高数"成绩。

（1）将设置为共享工作簿的"成绩单"放置在本地机的一个共享文件夹中，这样，该网络中的多个用户就可同时打开该工作簿同时进行编辑。其他用户通过网络对"物理"成绩编辑完成后，存盘关闭。本地用户对"计算机"成绩编辑完毕存盘时，会出现说明窗口"工作表已用其他用户保存的更改进行了更新”,如附图 B-49 所示。单击【确定】,计算机和物理成绩便已经编辑成功。

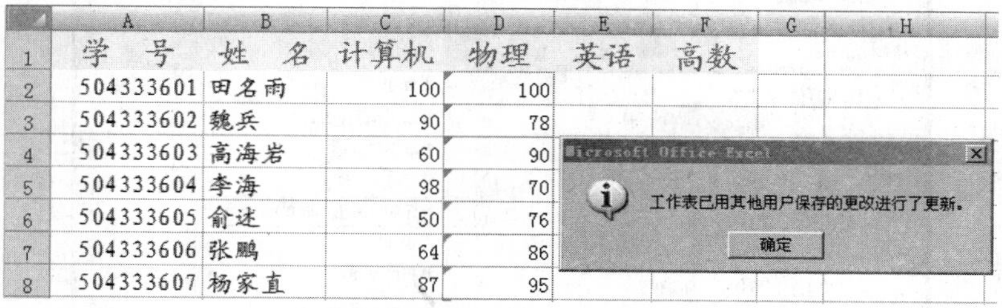

	A	B	C	D	E	F	G	H
1	学　号	姓　名	计算机	物理	英语	高数		
2	504333601	田名雨	100	100				
3	504333602	魏兵	90	78				
4	504333603	高海岩	60	90				
5	504333604	李海	98	70				
6	504333605	俞述	50	76				
7	504333606	张鹏	64	86				
8	504333607	杨家直	87	95				

附图 B-49　多用户修改后的提示对话框

(2) 确定后,蓝色框是其他用户编辑的数据,将鼠标放置在蓝色框中,会看到批注中显示:哪个用户,哪个时间,将该单元格从什么数值修改为什么数值。如附图 B-50 所示。

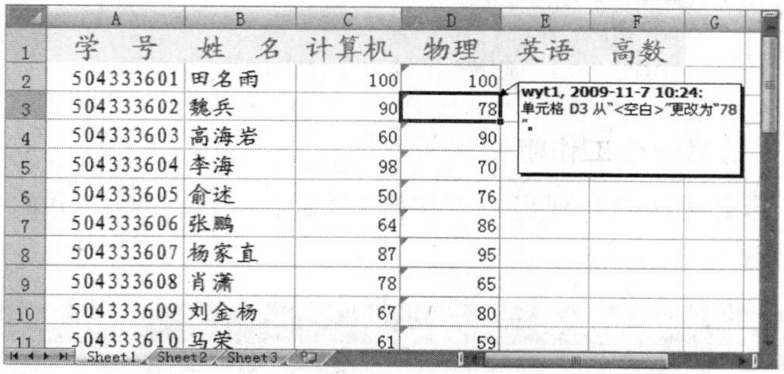

	A	B	C	D	E	F	G
1	学　号	姓　名	计算机	物理	英语	高数	
2	504333601	田名雨	100	100			
3	504333602	魏兵	90	78			
4	504333603	高海岩	60	90			
5	504333604	李海	98	70			
6	504333605	俞述	50	76			
7	504333606	张鹏	64	86			
8	504333607	杨家直	87	95			
9	504333608	肖潇	78	65			
10	504333609	刘金杨	67	80			
11	504333610	马荣	61	59			

附图 B-50　对其他用户修改所加的自动批注

B.7　【MOS 认证 Excel 导学实验 07——合并工作簿和追踪修订】

实验文件

存放于随书光盘“附录 B MOS 认证补充 Excel 导学\MOS 认证 Excel 导学实验 07——合并工作簿和追踪修订”文件夹中。

关于合并工作簿和追踪修订

合并工作簿是允许将多人修改的工作簿进行合并,要合并工作簿必须符合以下条件:要合并的工作簿必须是同一份共享工作簿的副本,即工作簿的结构应该完全一样。

注意两点:①要求被合并的工作簿文件名不能一样。②不设置密码或者密码相同。

下面将共享工作簿的“成绩单 A”和“成绩单 B”工作簿进行合并。

1. 打开要合并的工作簿

打开“成绩单 A. xls”,选择【工具/比较和合并工作簿】,如附图 B-51 所示。

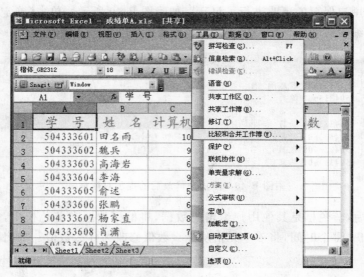

附图 B-51　选择"比较和合并工作簿"菜单项

2. 选择要合并的另一个工作簿

在出现的【将选定文件合并到当前工作簿】对话框中,选择要合并的另一个工作簿"成绩单 B. xls",如附图 B-52 所示。

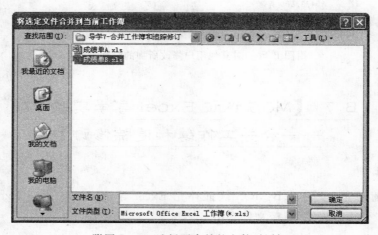

附图 B-52　选择要合并的文件对话框

3. 显示合并后的结果

单击【确定】之后,"成绩单 A"和"成绩单 B"已经合并,并且系统将"成绩单 B"中对该文件所作的修改全部以红色边框带批注形式显示出来。如附图 B-53 所示,批注中可以得知:哪个用户,哪个时间,对该单元格做了什么修改。

4. 设置【接受或拒绝修订】对话框

选择【工具/修订/接受或拒绝修订】,弹出相应的对话框,默认选项全部,单击【确定】,

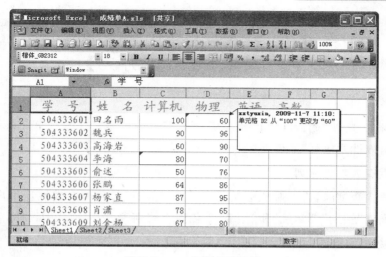

附图 B-53　合并后的结果

如附图 B-54 所示。

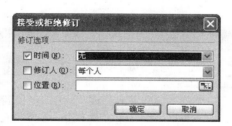

附图 B-54　设置【接受或拒绝修订】对话框

5. 接受或拒绝修订

如附图 B-55 所示，针对修订的情况，单击【接受或拒绝修订】对话框下部相应按钮。

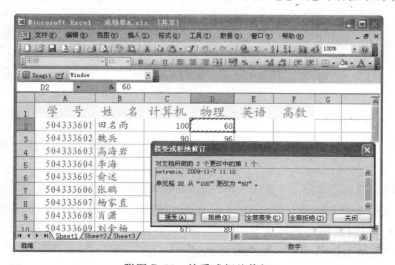

附图 B-55　接受或拒绝修订

B.8 【MOS 认证 Excel 导学实验 08
——数据有效性之序列】

实验文件

存放于随书光盘"附录 B MOS 认证补充 Excel 导学\MOS 认证 Excel 导学实验 08——数据有效性之序列"文件夹中。

关于数据有效性之序列

在用户输入数据时,为了避免出现输入错误,可以通过数据有效性让用户选择,而不是输入。下面就"性别"、"学院"和"年级"来创建下拉列表,让用户从中选择。

1. 创建数据列表源

打开"学生信息"工作簿,并创建用户要输入的数据列表源:性别、学院、年级,在旁边空白单元格内输入性别(男、女)、所有学院和所有的年级,数据列表源即创建完毕。如附图 B-56 所示。

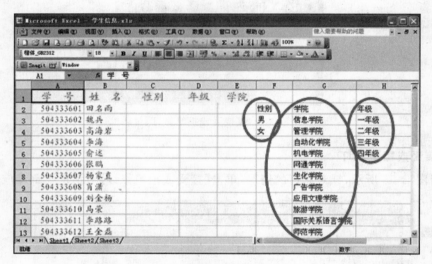

附图 B-56　创建数据列表源

2. 设置数据有效性

(1)将"性别"一列单元格选中(即 C2:C33 区域),选择【数据/有效性】,弹出【数据有效性】窗口。

(2)在【设置】选项卡下,将有效性条件的【允许】设置为【序列】,并在下方的"来源"中选择创建起来的性别列表源(即:F3:F4 区域),如附图 B-57 所示。其余选项默认即可。确定后,性别一列的数据列表创建完毕。

(3)用相同的方法再创建学院和年级的输入列表。

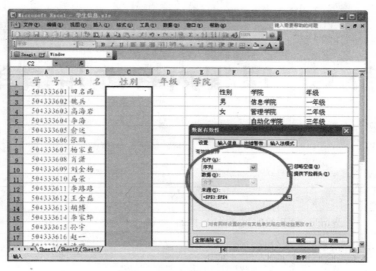

附图 B-57　数据有效性设置

3. 选择输入列表项

在输入"性别"、"年级"和"学院"时，都会出现下拉列表框，如附图 B-58 所示，用户直接选择即可。

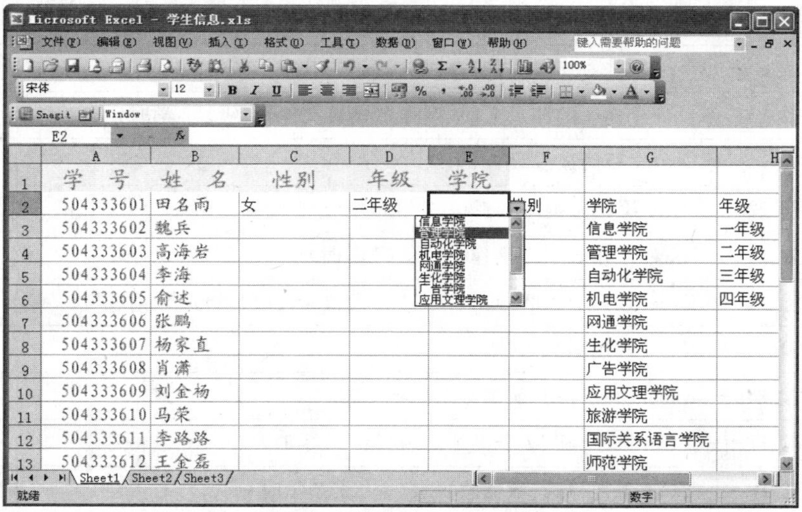

附图 B-58　选择输入列表项

附录 C　课程内容选用清单

课次	导　学　实　验	专业选择
	导学实验 1——WindowsXP 的使用、SnagIt 抓图(初级)(4 学时)	
	导学实验 2——信息的获取(初级)(4 学时)	
	导学实验 3——Word 简单文档排版(初级)(2 学时)	
	导学实验 4——Word 长文档排版(中级)(2 学时)	
	导学实验 5——Word 论文排版(高级)(2 学时)	
	导学实验 6——Word 表格、公式(中级)(2 学时)	
	导学实验 7——Word 自选图形、文本框(中级)(2 学时)	
	导学实验 8——Word 项目符号(中级)(1 学时)、排版作业讲评(1 学时)(中级)	
	导学实验 9——Word 题注和交叉引用(高级)(2 学时)	
	导学实验 10——设计个性化的演示文稿、制作多模板文件(中级)(2 学时)	
	导学实验 11——演示文稿的放映设置(中级)(2 学时)	
	导学实验 12——Visio 绘制流程图(初级)(2 学时)	
	导学实验 13——Excel 工作表基本操作(初级)(2 学时)	
	导学实验 14——Excel 数据导入和导出、Excel 公式和函数(初级)(2 学时)	
	导学实验 15——Excel 常用函数(初级)(2 学时)	
	导学实验 16——Excel 图表应用(初级)(2 学时)	
	导学实验 17——Excel 排序、筛选、分类汇总(初级)(2 学时)	
	导学实验 18——Excel 条件格式、数据透视表(中级)(2 学时)	
	导学实验 19——Excel 批注、名称、工作表及工作簿的保护、数据有效性(中级)(2 学时)	
	导学实验 20——Excel 工作簿间单元格引用、打印专题(高级)(2 学时)	
	导学实验 21——Excel 查询函数 VLOOKUP、列表(高级)(2 学时)	
	导学实验 22——Photoshop 制作证件照、网上报名照片(初级)(2 学时)	
	导学实验 23——Photoshop 路径、文字、图层样式、选取工具(初级)(2 学时)	

续表

课次	导　学　实　验	专业选择
	导学实验 24——Photoshop 色彩色调调整、图层蒙版、矢量蒙版(中级)(2 学时)	
	导学实验 25——Photoshop 通道、动作和批处理(高级)(2 学时)	
	导学实验 26——Premiere 素材的导入、剪辑、输出(初级)(2 学时)	
	导学实验 27——Premiere 特效处理(初级)(2 学时)	
	导学实验 28——Premiere 标记、特效、字幕之综合应用(中级)(2 学时)	
	导学实验 29——Access 学生成绩管理系统(8 学时)	
	导学实验 30——设计与开发型实验——邮件合并(2 学时)	
	导学实验 31——设计与开发型实验——共享工作簿、单人成绩输出、制作试卷(2 学时)	
	导学实验 32——研究与创新型实验——飞行时间统计(2 学时)	
	导学实验 33——研究与创新型实验——自动显示空教室(2 学时)	
	导学实验 34——计算机系统的组成(初级)(2 学时)	
	导学实验 35——计算机病毒相关知识(初级)(2 学时)	
	导学实验 36——信息表示、存储及进制转换(初级)(2 学时)	
	导学实验 37——码制(中级)(2 学时)	
	导学实验 38——网络基础知识(初级)(2 学时)	
	导学实验 39——软件安装专题(2 学时)	
	要求增加新内容	